R을 이용한

정보통계학개론

장은진 · 이재만 · 고정환 · 차영준 지음

자유아카데미

머리말

통계학은 관심 대상 집단에 대한 정보를 얻기 위하여 자료를 수집하고 분석 및 정리하여 이를 해석하는 방법을 다루는 학문 분야이다. 최근 여러 분야에서 빅데이터에 대한 관심이 증가하고 있고 불확실한 사회현상 및 자연현상을 통계적으로 설명하려는 시도가 많이 이루어지고 있어, 통계학의 기본 개념을 이해하는 것은 무엇보다 중요하다고 할 수 있다.

이 책은 통계학의 기본 개념을 배울 수 있는 교양통계학 강의를 위해 집필되었다. 이를 위해 이 책에서는 다양한 통계적 방법과 그에 따른 예제를 제시하고, 빅데이터 분석에 적합한 프로그래밍 언어인 R을 이용하여 실습할 수 있도록 예제를 위한 R 프로그램을 제공하고 있다.

이 책은 12장으로 구성되어 있는데, 1장에서는 통계학의 개념 및 기본 용어들, 2장에서는 자료 유형에 따른 요약 방법, 3장에서는 확률 및 확률분포를 다룬다. 4장과 5장에서는 대표적인 이산확률분포 및 연속확률분포를 설명하고, 6장에서는 통계적 추론에 필요한 표본분포를 다룬다.

통계적 추론은 추정과 가설검정으로 크게 구분할 수 있으며, 추정은 점추정과 구간추정으로 구분할 수 있다. 7장에서는 관심모수에 대한 점추정과 구간추정, 8장에서는 가설검정, 9장에서는 두 모집단의 비교를 위한 통계적 추론을 다룬다.

10장에서는 범주형 자료분석을 위한 통계적 방법, 11장에서는 두 개 이상의 집단을 비교하기 위한 통계적 방법인 분산분석, 12장에서는 두 변수 사이의 관계분석을 위한 통계적 방법으로 상관분석과 회귀분석을 다룬다.

출간 후 수정사항이 있을 경우에는 자유아카데미 홈페이지(www.freeaca.com) 자료실을 통해 제공할 예정이며, 마지막으로 이 책이 출판될 수 있도록 도움을 준 자유아카데미 관계자 여러분께 감사의 말씀을 전한다.

2018년 1월

저자 일동

목차

01장 통계학이란?

02장 자료의 정리 및 요약

03장 확률 및 확률분포

04장

이산확률분포

05장

연속확률분포

06장

표본분포

07장

추정

12장

회귀분석

부록

확률분포표

01장

통계학이란?

1.1 통계학이란?

통계학(Statistics)은 관심이 있는 대상들의 집단에 대한 정보를 얻기 위하여 자료를 수집하거나 분석하거나 정리하거나 해석하는 방법을 다루는 학문 분야이다. 예를 들어 기업은 고객들이 어떤 제품을 원하는지 소비자 집단에 대한 정보를, 법안을 입안하는 정당은 새로운 법안에 얼마나 많은 유권자들이 찬성하는지 유권자 집단에 대한 정보를, 교육과정평가원은 모든 수험생들의 성적에 대한 정보를 필요로 한다. 기업의 신제품 기획부서에서는 소비자들이 원하는 색상을 조사하고 정당의 여론조사팀은 법안에 대한 유권자들의 찬반을 조사하여 수집한 자료를 분석하고 정리해 소비자집단이나 유권자집단에 대한 정보를 얻는다.

통계학은 이론통계학과 응용통계학으로 나눌 수 있는데 **이론통계학**은 수리통계학이라고도 하며 통계적 방법의 이론적 배경을 제공한다. **응용통계학**은 이론통계학에서 수립된 이론이나 통계적 방법을 응용하여 실제 문제에 대한 해결책을 제시한다. 응용통계학은 기술통계학과 추론통계학으로 나눌 수 있다.

자료의 크기가 조금만 크면, 정리되지 않고 수집된 상태의 원자료를 상대로 자료가 가지고 있는 의미 있는 정보를 읽어내기란 거의 불가능하다. 그러나 수집된 자료를 정리한 도수분포표와 같은 표나 히스토그램과 같은 그래프 또는 자료를 요약한 평균이나 분산 같은 수치를 이용하면 자료의 분포 형태나 중심위치 혹은 산포도와 같은 자료의 특성을 쉽게 알아볼 수 있다. 이러한 표나 그래프 그리고 평균이나 분산 같은 자료를 요약한 수치를 기술통계라고 한다. **기술통계학**은 수집된 자료의 특성을 쉽게 파악하기 위하여 기술통계를 이용하는 방법을 다룬다.

통계학에서 관심의 대상 전체 집합을 **모집단**(population)이라고 하고 모집단에 추출한 모집단의 일부분을 **표본**(sample)이라고 한다. 모집단의 평균이나 모집단의 비율과 같은 모집단의 특성을 **모수**(parameter)라고 하고 표본의 평균이나 표본의 비율과 같은 표본의 특성을 **통계량**(statistic)이라고 한다. 통계학의 주요 영역 중 하나인 **추론통계학**(inferential statistics)은 통계량을 이용하여 모수를 과학적으로 추론하는 통계적 방법을 다룬다.

1.2 모집단과 표본

모든 소비자를 대상으로 특정 색상을 선호하는 소비자 비율을 알고 싶은 기업의 신제품 기획팀, 모든 유권자를 대상으로 특정 법안에 찬성하는 유권자 비율을 알고 싶은 정당의 여론조사팀, 회사에서 생산하는 특정 브랜드의 모든 형광등의 평균 수명을 알고 싶은 품질관리팀을 예로 들어 보자.

신제품 기획팀의 관심의 대상은 모든 소비자들의 특정 색상 선호 여부이고 이것의 전체집합이 모집단이다. 여론조사팀의 경우는 모든 유권자들의 특정 법안 찬성 여부가 관심의 대상이고 이들의 전체집합이 모집단이 된다. 그리고 품질관리팀의 모집단은 생산되는 모든 형광등의 수명의 집합이 모집단이다. 모집단의 원소의 개수인 모집단의 크기가 유한하면 유한모집단이라고 하고 무한하면 무한모집단이라고 한다.

크기가 큰 모집단의 경우 모든 원소를 전부 조사하는 전수조사는 시간과 비용 측면에서 시행하기가 어렵다. 모든 형광등의 수명이 모집단인 경우는 수명조사가 파괴검사이기 때문에 모집단의 크기에 관계없이 현실적으로 불가능하다. 이런 경우 모집단 전체를 조사하는 대신 일부분만 추출하여 조사한다. 조사를 위하여 추출한 모집단의 일부분을 표본이라고 한다.

모집단을 대신할 표본이므로 모든 면에서 모집단과 닮은 표본을 추출할수록 좋을 것이다. 이를 보증할 수 있는 현실적인 방법 중의 하나가 모집단에서 추출할 수 있는 가능한 모든 표본이 표본으로 추출될 확률이 동일하게 되도록 해주는 것이다. 이러한 표본추출방법을 **단순확률추출법**이라고 하고 이 방법으로 추출된 표본을 **단순확률표본**(simple random samples)이라고 한다.

표본추출방법은 **복원추출**과 **비복원추출**로 나눌 수 있다. 복원추출은 모집단으로부터 하나의 원소를 추출하여 조사한 다음, 모집단에 복원시키고 다시 추출하는 것을 반복하여 원하는 크기의 표본을 얻는다. 비복원추출은 모집단으로부터 하나의 원소를 추출하고 남아있는 모집단의 원소 중에서 하나의 원소를 추출하고 이를 반복하여 원하는 크기의 표본을 추출한다. 실제 조사에서는 비복원으로 추출되는 단순확률표본을 많이 이용한다.

0부터 9까지의 숫자를 랜덤하게 나열한 난수표를 이용하여 크기 N이 2000인 모집단으로부터 크기 n이 50인 단순확률표본을 비복원으로 추출하는 방법에 대하여 알아보자. 모집단의 원소에 0번부터 1999번까지 번호를 부여한다. 난수표의 임의의 지점부터 네 자리씩 끊어 읽는다. 네 자리의 수 중에 1999보다 크거나 앞에 나온 수와 동일한 수는 버리고 남은 네 자리 수가 50개가 될 때까지 반복한다. 모집단의 원소 중에 50개에 해당하는 번호의 원소를 표본으로 추출하면 크기가 50인 단순확률표본을 얻을 수 있다.

1.3 자료의 종류

관심이 있는 대상 집단에 대한 정보를 얻기 위하여 자료를 수집한다고 할 때 자료란 무엇인가? 형광등이 조사대상인 경우 형광등의 여러 가지 특성 중에 수명이라는 특성을 조사한다고 하자. 형광등의 수명은 항상 일정한 값을 갖는 것이 아니라 형광등이 달라지면 그 수명도 변한다고 하여 형광등의 수명과 같은 특성을 **변수**(variable) 혹은 **변량**이라고 한다. 모든 조사대상 각각에 대한 하나 이상의 변수의 관측값을 모아 놓은 것을 **자료**라고 한다. 이때 조사대상의 수가 자료의 크기이다.

예제 1.1

다음 자료는 A 대학 신입생 중 추출한 30명을 대상으로 통학수단과 통학시간(단위: 분)을 조사한 자료이다.

번호	통학수단	통학시간	번호	통학수단	통학시간	번호	통학수단	통학시간
1	도보	35	11	도보	25	21	도보	25
2	대중교통	40	12	도보	20	22	대중교통	30
3	승용차	25	13	승용차	15	23	승용차	25
4	도보	25	14	자전거	25	24	도보	20
5	도보	30	15	대중교통	30	25	도보	15
6	자전거	30	16	대중교통	30	26	자전거	20
7	도보	15	17	대중교통	45	27	도보	20
8	대중교통	25	18	자전거	35	28	대중교통	30
9	대중교통	25	19	도보	25	29	대중교통	40
10	자전거	25	20	승용차	20	30	자전거	35

예제 1.1의 자료는 추출한 신입생 30명을 상대로 조사한 두 변수, 통학수단과 통학시간의 측정값이다. 통학시간은 수명이나 무게와 같은 양적변수이고 통학수단은 지지여부나 선호여부와 같은 질적변수이다. 위 자료는 크기가 30이고 양적변수 하나와 질적변수 하나의 측정값으로 이루어진 이변량 자료이다. 하나의 변수를 측정한 값으로 이루어진 자료를 **일변량** 혹은 **단변량 자료**(univariate data)라고 하고, 둘 이상의 변수를 측정한 값으로 이루어진 자료를 **다변량 자료**(multivariate data)라고 한다.

질적 자료는 조사단위의 특성이 어떤 범주에 속하는가를 나타낸다고 하여 범주형 자료라고도 한다.

양적 자료는 발생한 사고 건수나 소유한 자동차 대수와 같이 셀 수 있는 양을 나타내는 이산형 변수의 관측값인 이산형 자료와, 수명이나 몸무게와 같이 셀 수 없는 양을 나타내는 연속형 변수의 측정값인 연속형 자료로 나눌 수 있다.

예제 1.1에서처럼 변수의 종류에 따라 양적 자료 혹은 질적 자료와 같이 구분하기도 하지만 변수의 측정을 위한 척도의 수준에 따라 명목자료, 서열자료, 구간자료, 비율자료로 구분하기도 한다. 지지여부나 통학수단과 같은 변수의 측정은 명목척도의 예이고 특정 서비스의 만족도를 매우 만족, 만족, 보통, 불만족, 매우 불만족 등과 같이 측정하는 것은 서열척도의 예이다. 구간척도에 해당하는 것으로는 섭씨온도나 화씨온도와 같은 변수의 측정이다. 구간척도의 측정값 섭씨온도의 경우 10°C와 20°C의 차이와 30°C와 20°C의 차이는 10°C로 같지만 30°C가 10°C의 세 배라고 할 수는 없다. 이것은 0°C가 온도가 없는 상태가 아니라 다만 온도의 상대적 위치를 나타내기 때문이다. 그러나 키나 몸무게 또는 매출액과 같은 비율척도의 측정값에서 0이라는 값은 그 특성이 없다는 것을 나타내는 것으로 매출액이 0이라는 것은 매출액이 없다는 것이며 매출액이 200원인 경우는 매출액이 100원인 경우의 두 배가 된다.

한편 조사 시점과 관련하여 한 시점의 조사 자료를 **횡단면 자료**(cross-section data)라고 하고 동일 조사단위의 특성을 서로 다른 시점에 조사한 자료를 **시계열 자료**(time-series data)라고 한다.

1.4 R 소개

R 변수 생성

- 변수에 값을 할당할 때는 규칙 "=" 또는 "<-" 연산자를 이용한다.
- 변수명은 왼쪽에 둔다.

변수 생성

```
> x = 1004
> x
[1] 1004
> y <- 1005
> y
[1] 1005
```

R 벡터 생성

구성요소가 동일한 하나 이상의 데이터로 구성된 1차원의 R 데이터 구조인 벡터(vector)는 c(), seq(), rep() 함수 등을 이용하여 수치형, 문자형, 논리형 벡터를 생성할 수 있다. c() 함수를 사용하여 문자형 벡터를 생성하는 경우 구성요소들은 모두 인용부호 " " 안에 있어야 하고, 논리형 벡터의 구성요소는 TRUE 혹은 FALSE 중 하나가 된다.

c( ) 함수를 이용한 수치형, 문자형, 논리형 벡터의 생성

```
> x <- c(222, 333, 111, 555, 666, 999, 888)
> x
[1] 222 333 111 555 666 999 888
> y <- c("Park", "Cha", "Jung", "Lee", "Kim")
> y
[1] "Park" "Cha"  "Jung" "Lee"  "Kim"
> z <- c(FALSE, FALSE, TRUE, TRUE, FALSE)
> z
[1] FALSE  FALSE  TRUE  TRUE  FALSE
```

연속된 숫자로 구성된 벡터의 생성

seq() 함수와 연산자(:)를 이용하여 연속된 숫자의 벡터를 생성할 수 있다. 연산자(:)는 연산자 좌측의 피연산자와 우측의 피연산자에 입력된 범위 내의 모든 데이터를 순서대로 나열하는 연산자이다. 이때 1씩 증가하거나 감소한다.

```
사용형식:  seq(from, to, by)
           • from: 시작 값
           • to: 종료 값
           • by: 증가치
```

연속된 숫자로 구성된 벡터의 생성

```
> seq(from=10, to=30)
 [1] 10 11 12 13 14 15 16 17 18 19 20 21 22 23 24 25 26 27 28 29 30
> seq(10, 30)
 [1] 10 11 12 13 14 15 16 17 18 19 20 21 22 23 24 25 26 27 28 29 30
> seq(10, 30, by=2)
 [1] 10 12 14 16 18 20 22 24 26 28 30
> seq(10, 30, 2)
 [1] 10 12 14 16 18 20 22 24 26 28 30
> seq(10, 30, by=10)
[1] 10 20 30

# 연산자(:)의 예제
> 10:30
 [1] 10 11 12 13 14 15 16 17 18 19 20 21 22 23 24 25 26 27 28 29 30
> -10:10
 [1] -10 -9 -8 -7 -6  -5  -4  -3  -2  -1   0  1  2  3  4  5  6  7  8  9  10
> 30:10
 [1] 30 29 28 27 26 25 24 23 22 21 20 19 18 17 16 15 14 13 12 11 10
```

rep( ) 함수를 이용한 벡터의 생성

rep( ) 함수는 일정한 규칙을 갖고 반복된 데이터를 생성하는 함수이다.

사용형식: rep(x, times, each)
- x: 반복할 값이 저장된 벡터
- times: 전체 데이터의 반복 횟수
- each: 개별 요소들의 반복 횟수

rep( ) 함수를 이용한 벡터의 생성

```
> rep(1:5, times=3)
 [1] 1 2 3 4 5 1 2 3 4 5 1 2 3 4 5
> rep(1:5, 3)
 [1] 1 2 3 4 5 1 2 3 4 5 1 2 3 4 5
> rep(99, 10)
 [1] 99 99 99 99 99 99 99 99 99 99
> rep(1:5, each=3)
 [1] 1 1 1 2 2 2 3 3 3 4 4 4 5 5 5
> rep(1:3, times=2, each=3)
 [1] 1 1 1 2 2 2 3 3 3 1 1 1 2 2 2 3 3 3
```

지표([ ])를 이용한 벡터 데이터의 접근

지표([ ])를 이용하여 벡터의 특정 위치에 있는 원소들을 추출하여 새로운 벡터를 생성한다. x[3]는 벡터 x에서 3번째 값을 추출한다. x[1:5]는 벡터 x에서 1번째부터 5번째 값을 추출한다. x[-1]는 벡터 x에서 1번째 원소를 제외한 벡터를 생성한다. x[-1:-5]는 벡터 x에서 1번째부터 5번째 원소의 값을 제외한 벡터를 생성한다.

지표([ ])를 이용하여 벡터 데이터의 가공

```
> x <- c(222, 333, 111, 555, 666, 999, 888)
> x
[1] 222 333 111 555 666 999 888
> x[3]
[1] 111
> x[1:5]
[1] 222 333 111 555 666
> x[-1]
[1] 333 111 555 666 999 888
> x[-1:-5]
[1] 999 888
> y <- c("Park", "Cha", "Jung", "Lee", "Kim")
> y
[1] "Park" "Cha"  "Jung" "Lee"  "Kim"
> y[3]
[1] "Jung"
> y[1:2]
[1] "Park" "Cha"
> y[-4]
[1] "Park" "Cha"  "Jung" "Kim"
> y[-1:-3]
[1] "Lee" "Kim"
```

names() 함수를 이용한 벡터 데이터의 접근

names() 함수를 이용하여 벡터의 원소에 개별 이름을 부여하면 이 이름을 활용하여 벡터 데이터에 접근할 수 있다.

names() 함수를 이용한 벡터 데이터의 접근

```
> toeic <- c(850, 790, 880, 620, 980)
> names(toeic) <- c("Park", "Cha", "Jung", "Lee", "Kim")
> toeic
Park  Cha Jung  Lee  Kim
 850  790  880  620  980
> toeic[1:3]
Park  Cha Jung
 850  790  880
> names(toeic)[2]
[1] "Cha"
```

sort() 함수와 order() 함수를 이용한 데이터의 정렬

sort() 함수를 이용하여 자료를 정렬하고 order() 함수를 이용하여 오름차순에 의한 자료의 위치 값을 출력한다.

sort() 함수와 order() 함수를 이용한 데이터의 정렬

```
> toeic <- c(850, 790, 880, 620, 980)
> sort(toeic)
[1] 620 790 850 880 980
> order(toeic)
[1] 4 2 1 3 5
> toeic[order(toeic)]
[1] 620 790 850 880 980
> toeic[order(-toeic)]
[1] 980 880 850 790 620
```

paste()와 paste0() 함수를 이용한 반복되는 문자열 연결

paste() 함수를 이용하여 반복되는 문자열을 쉽게 연결할 수 있다. paste("group", 1:5, sep="")에 sep=""를 지정하면 "group"과 1:5 사이에 공백이 없다. paste0() 함수는 sep이 항상 빈 문자열이다.

paste()와 paste0() 함수를 이용한 반복되는 문자열 연결

```
> paste("goup", 1:5)
[1] "goup 1" "goup 2" "goup 3" "goup 4" "goup 5"
> paste("group", 1:5, sep="")
[1] "group1" "group2" "group3" "group4" "group5"
> paste0("group", 1:5)
[1] "group1" "group2" "group3" "group4" "group5"
```

데이터프레임 생성

데이터프레임은 같은 길이의 벡터(또는 팩터)로 구성되어 있는 2차원의 데이터 구조를 갖고 있다. 즉 데이터프레임은 행(관측값)과 열(변수)로 구성되어 있고 유형이 동일할 필요가 없다. data.frame( ) 함수를 이용하여 길이가 동일한 여러 개의 벡터(변수)로 구성된 데이터프레임을 생성한다.

사용형식: data.frame(x, stringsAsFactors = TRUE)
- x: 데이터프레임을 생성할 여러 유형의 벡터를 지정한다.
- stringsAsFactors = TRUE: 기본값은 TRUE이며 FALSE이면 문자형 벡터가 팩터로의 변환이 이루어지지 않는다.

data.frame() 함수를 이용한 데이터프레임 생성

```
> gender <- c("M", "M", "F","F", "M" )
> r <- c(88, 56, 66, 76, 99)
> python <- c(77, 65, 88, 90, 54)
> java <- c(56, 87, 90, 87, 97)
> coding <- data.frame(gender, r, python, java)
> coding
  gender  r python java
1      M 88     77   56
2      M 56     65   87
3      F 66     88   90
4      F 76     90   87
5      M 99     54   97
```

팩터의 생성

팩터는 범주형 데이터를 표현하기 위한 R 데이터 구조이다. 범주형 데이터는 명목형 데이터와 순서형 데이터로 나누어진다.

```
사용형식:  factor(x, levels, labels, ordered = FALSE)
           • x: 대상이 되는 데이터를 지정한다.
           • levels: 데이터의 수준을 지정한다.
           • labels: levels에 지정된 수준에 이름을 지정한다.
           • ordered = FALSE: TRUE이면 순서형이고 FALSE(기본값)이면 명목형이다.
```

factor( ) 함수를 이용한 명목형 데이터 생성

```
> gender <- c("F", "M", "M","M", "F", "M", "M", "M", "F", "M", "M","F")
> gender
 [1] "F" "M" "M" "M" "F" "M" "M" "M" "F" "M" "M" "F"
> class(gender)
[1] "character"
> gender.f<- factor(gender)
> gender.f
 [1] F M M M F M M M F M M F
Levels: F M
> class(gender.f)
[1] "factor"
```

factor( ) 함수를 이용한 순서형 데이터 생성

```
> satisfaction=c("Good", "Poor", "Good", "Average", "Good", "Poor", "Good")
> satisfaction.temp=factor(satisfaction)
> satisfaction.temp
[1] Good    Poor    Good    Average   Good    Poor    Good
Levels: Average Good Poor
> satisfaction.f=factor(satisfaction, levels=c("Poor", "Average", "Good"))
> satisfaction.f
[1] Good    Poor    Good    Average   Good    Poor    Good
Levels: Poor Average Good
```

행렬의 생성

행렬은 구성요소의 유형이 동일한 2차원의 데이터 구조로 일반적으로 matrix() 함수를 이용하여 생성한다.

사용형식: matrix(x, nrow, ncol, byrow, dimnames)
- x: 행렬을 생성할 데이터 벡터를 지정한다.
- nrow: 행의 수를 지정한다.
- ncol: 열의 수를 지정한다.
- byrow: 기본값은 열 우선으로 행렬을 생성하고 TRUE로 설정하면 행 우선이다.
- dimnames: 행과 열의 이름을 지정한다.

matrix() 함수를 이용한 행렬의 생성

```
> m1data <- matrix(c(11, 12, 13, 14, 15, 16), nrow=3)
> mdata
     [,1] [,2]
[1,]   11   14
[2,]   12   15
[3,]   13   16
> m2data <- matrix(c(11, 12, 13, 14, 15, 16), ncol = 3, byrow=TRUE)
> m2data
     [,1] [,2] [,3]
[1,]   11   12   13
[2,]   14   15   16
```

리스트의 생성

리스트의 구성요소는 벡터, 행렬, 배열, 데이터프레임, 다른 리스트 등이 될 수 있고 구성요소의 길이와 차원이 동일할 필요가 없는 데이터 구조이다.

사용형식: list(x=value1, y=value2, ...)
- 반환값은 x에 value1, y에 value2를 저장하는 리스트이다.

list( ) 함수를 이용한 리스트의 생성

```
> a <- c(89, 99, 76, 60, 88)
> b <- data.frame(age = c(11,22,33), gender=c("M","F", "M"))
> datalist <- list(score=a, student=b)
> datalist
```

```
$score
[1] 89 99 76 60 88

$student
  age gender
1  11      M
2  22      F
3  33      M
```

01장 연습문제

01 다음 용어를 설명하여라.

(1) 기술통계학

(2) 추론통계학

(3) 질적변수

(4) 양적변수

(5) 횡단면 자료

(6) 모집단

(7) 표본

(8) 모수

(9) 통계량

(10) 단순확률표본

(11) 양적 자료

(12) 질적 자료

(13) 변수

02 명목자료를 예를 들어 설명하여라.

03 서열자료를 예를 들어 설명하여라.

04 다음 자료를 양적 자료와 질적 자료로 구분하여라.

(1) A 할인마트에서 판매하는 스파게티 브랜드별 열량 조사자료

(2) 12월 1일 현재 B 식자재 마트에 특정 진열대에 진열된 각 상품의 공급처 조사자료

(3) 지난 12개월 동안 매월 1일 현재 B 식자재 마트에 특정 진열대에 진열된 각 상품의 공급처 조사자료

(4) 어느 제조사에서 생산한 LED 형광등의 수명 조사자료

(5) 어느 제조사에서 생산한 LED 형광등의 생산라인 조사자료

(6) 과거 10년간 분기별 상장회사의 매출액 조사자료

(7) 올해 2분기 상장회사의 매출액 조사자료

05 난수표를 이용하여 3200명의 학생 중에 120명의 학생을 단순확률추출법으로 추출하는 과정을 설명하여라.

02장

자료의 정리 및 요약

2.1 표나 그래프를 이용한 자료의 정리

2.2 수치를 이용한 자료의 요약

2.1 표나 그래프를 이용한 자료의 정리

모집단이나 표본의 조사단위로부터 수집된 조사결과를 수집된 순서대로 기록한 자료를 **원자료**(raw data)라고 한다. 원자료로부터 자료가 내포하고 있는 의미 있는 정보를 쉽게 찾아낼 수는 없다. 표나 그래프를 이용하여 원자료를 정리하는 것이 이러한 문제를 해결하기 위한 하나의 방법이 될 수 있다. 여기서는 질적 자료와 양적 자료로 나누어 살펴보기로 하자.

2.1.1 질적 자료의 정리

범주형 자료라고도 하는 질적 자료에서 각 범주에 속하는 관측값의 개수를 그 범주의 도수라고 하고 이를 전체 관측값의 개수로 나눈 값을 상대도수라고 한다. 주어진 질적 자료의 각 범주의 **도수**와 **상대도수**를 나열한 표를 도수분포표라고 한다. 도수분포표는 막대그래프와 원그래프 등으로 나타낼 수 있다.

도수분포표의 각 범주의 도수를 막대의 높이로 나타낸 그래프를 도수 막대그래프라고 하고 각 범주의 상대도수를 막대의 높이로 나타낸 그래프를 상대도수 막대그래프라고 한다. 원그래프는 도수분포표의 각 범주의 상대도수에 360°를 곱한 값을 각 범주를 나타내는 부채꼴의 중심각의 크기로 나타낸 그래프이다. 질적 자료를 도수분포표나 막대그래프 또는 **원그래프**로 정리하면 빈도수가 가장 많거나 가장 적은 범주를 알 수 있고 전체 도수에 대한 각 범주의 도수가 차지하는 비율을 쉽게 알아볼 수 있다.

예제 2.1

예제 1.1 A 대학 신입생 중 추출한 30명을 대상으로 통학수단을 조사한 자료를 도수분포표와 막대그래프로 정리하여라.

통학수단 자료의 도수분포표

통학수단	도수	상대도수
도보	11	0.367
대중교통	9	0.300
승용차	4	0.133
자전거	6	0.200
합계	30	1.000

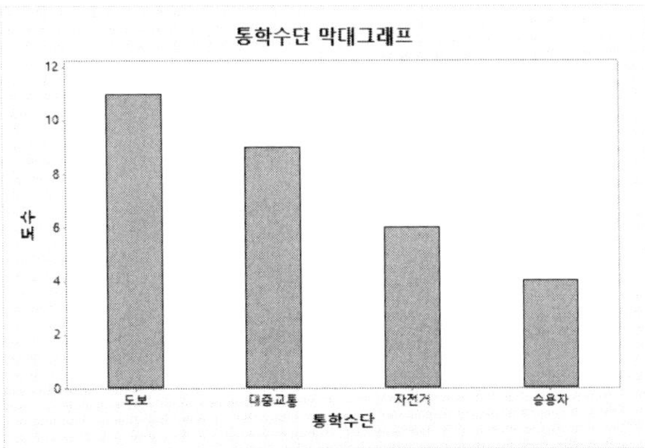

통학수단 자료의 막대그래프

R 실습

사용형식: table(x)
- x: 한 개의 범주형 변수가 있으면 도수분포표, 두 개의 범주형 변수가 있으면 분할표를 작성한다.

사용형식: barplot(table(x), xlab="범주", ylab="도수", main="통학수단")
- 범주형 데이터에 대한 막대그래프를 그리는 함수
- xlab= : x축 라벨
- ylab= : y축 라벨
- main= : 그래프의 주 제목

도수분포표와 막대그래프

```
> x <- c("도보", "대중교통", "승용차", "도보", "도보",
+       "자전거", "도보", "대중교통", "대중교통", "자전거",
+       "도보", "도보", "승용차", "자전거", "대중교통",
+       "대중교통", "대중교통", "자전거", "도보", "승용차",
+       "도보", "대중교통", "승용차", "도보", "도보",
+       "자전거", "도보", "대중교통", "대중교통", "자전거")
> x <- factor(x)
> table(x)
x
대중교통     도보   승용차   자전거
       9       11        4        6
> barplot(table(x), xlab="범주", ylab="도수", main="통학수단 막대그래프")
```

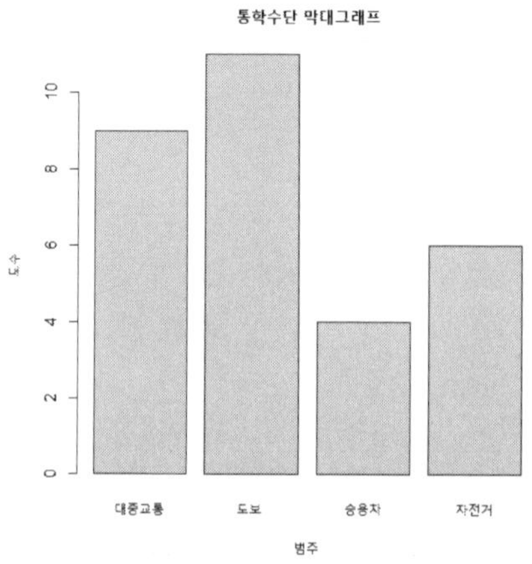

2.1.2 양적 자료의 정리

양적 자료의 경우는 자료의 모든 값을 포함할 수 있도록 몇 개의 계급(class)으로 나누었을 때 각 계급에 속하는 자료값의 개수를 계급의 도수라고 하고 계급의 도수를 자료 전체 자료값의 개수인 자료의 크기로 나눈 값을 계급의 상대도수라고 한다. 각 계급의 도수와 상대도수를 구하여 계급별로 정리한 표를 도수분포표라고 한다.

다음과 같이 양적 자료의 도수분포표를 작성할 수 있다.

1. 계급의 수 k를 결정한다. 계급의 수는 보통 자료의 크기 n에 따라 5에서 20 사이의 적당한 값으로 지정할 수 있는데 $(1+3.322\log_{10}n)$보다 큰 최소의 정수를 k로 지정하는 스터지스(Sturges)의 공식을 이용하기도 한다.
2. 계급의 너비 w를 결정한다. 자료의 범위(=최댓값−최솟값)를 k로 나눈 값보다는 조금 큰 값을 w로 정하여 모든 자료 값들이 계급에 포함되게 한다.
3. 첫 번째 계급의 하한 경계값 l_1을 결정한다. 자료의 최솟값에서 (자료값의 최소 자릿수에 0.5를 곱한 값)을 뺀 값을 l_1으로 정하면, 첫 번째 계급에 자료의 최솟값이 포함되도록 하면서 여기에 w를 더하여 첫 번째 계급의 상한 경계값 u_1을 정하고, 이 값을 두 번째 계급의 하한 경계값 l_2로 정하더라도 계급과 계급의 경계에 걸리는 자료값이 없도록 할 수 있다.

4. 각 계급의 하한 경계값과 상한 경계값을 설정한다.

$$u_i = l_{i+1} = l_i + w, i = 1, \cdots, k-1$$

$$u_k = l_k + w$$

5. 각 계급의 도수(f_i)와 상대도수(cf_i)를 계산하고 다음과 같이 계급별로 정리한다.

양적 자료의 도수분포표

계급	도수(f_i)	상대도수(cf_i)
$(l_1 \sim u_1)$	f_1	cf_i
$(l_2 \sim u_2)$	f_2	cf_i
$\vdots$	$\vdots$	$\vdots$
$(l_k \sim u_k)$	f_k	cf_i
합계	n	1.0

양적 자료에 대한 도수분포표를 그래프로 나타낸 것이 **히스토그램**이다. 히스토그램은 각 계급구간에 각 계급의 상대도수를 면적으로 하는 사각형을 나열한 그래프로 자료의 분포 형태를 시각적으로 표현해준다. 각 계급구간에 그려지는 사각형의 높이 h_i는 다음과 같이 계산된다.

$$h_i = \frac{cf_i}{w} = \frac{\text{계급의 상대도수}}{\text{계급의 너비}}$$

여기서 사각형의 높이 h_i는 계급의 상대도수밀도라고하기도 한다. 계급의 사각형 높이를 상대도수밀도로 하는 히스토그램은 각 계급의 사각형 면적을 모두 합하면 1이 된다.

양적 자료를 히스토그램으로 정리하면 쉽게 알아볼 수 있는 자료의 특성에는 자료값이 흩어진 정도, 흩어진 모양의 대칭성과 중심위치 혹은 흩어진 모양의 비대칭성 유형 그리고 도수가 가장 많이 밀집된 최빈 계급 등이 있다.

크기 n이 크지 않은 양적 자료의 경우 히스토그램 대신 줄기와 잎 그림을 이용할 수도 있다. 줄기와 잎 그림은 자료값을 줄기와 잎으로 구분하여 줄기를 크기 순서로 세로로 나열하고 줄기가 같은 자료값의 잎을 줄기의 오른쪽에 옆으로 나열한다.

예제 2.2

예제 1.1 A 대학 신입생 중 추출한 30명을 대상으로 통학시간을 조사한 자료를 도수분포표로 정리하고 히스토그램을 그려라.

풀이

1. 계급의 수 k는 자료의 크기 n이 30으로 크지 않으므로 6으로 정한다.
2. 계급의 너비를 결정한다. 자료의 범위는 최댓값이 45이고 최솟값이 15이므로 범위는 30이다. 따라서 30/6=5이므로 계급의 너비 w는 5보다 크게 5.5 혹은 6으로 하면 되나 여기서는 6으로 정하자.
3. 자료값이 35, 40 등과 같이 최소 자릿수가 1의 자리이므로 첫 번째 계급의 하한 경계값 $l_1 = 15 - 0.5 = 14.5$로 지정한다.
4. 각 계급의 하한 경계값과 상한 경계값을 설정한다.

$$u_1 = l_2 = 14.5 + 6 = 20.5$$

$$u_2 = l_3 = 20.5 + 6 = 26.5$$

$$u_3 = l_4 = 26.5 + 6 = 32.5$$

$$u_4 = l_5 = 32.5 + 6 = 38.5$$

$$u_5 = l_6 = 38.5 + 6 = 44.5$$

$$u_6 = l_6 + 6 = 44.5 + 6 = 50.5$$

5. 각 계급의 도수(f_i)와 상대도수(cf_i)를 계산하고 다음과 같이 계급별로 정리한다.

계급구간	도수	상대도수	상대도수 밀도
14.5 ~ 20.5	8	0.267	0.045
20.5 ~ 26.5	10	0.333	0.056
26.5 ~ 32.5	6	0.200	0.033
32.5 ~ 38.5	3	0.100	0.017
38.5 ~ 44.5	2	0.067	0.011
44.5 ~ 50.5	1	0.033	0.006
합계	30	1.000	

6. 히스토그램은 다음과 같다.

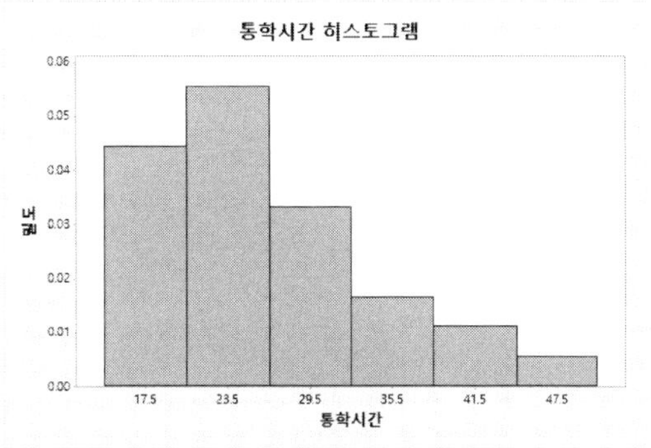

R 실습

사용형식: hist(x, breaks, freq, probability)

- 히스토그램을 그리는 R 함수
- x: 히스토그램에 입력할 숫자형 벡터
- breaks: 기본값은 "Sturges"이고 구간설정 방법을 지정
- probability: 확률밀도로 표현하려면 probability=TRUE로 지정

히스토그램

```
> x <- c(35, 40, 25, 25, 30, 30, 15, 25, 25, 25,
+       25, 20, 15, 25, 30, 30, 45, 35, 25, 20,
+       25, 30, 25, 20, 15, 20, 20, 30, 40, 35)
> hist(x, breaks=seq(14.5, 50.5, length=7), xlab="통학시간", ylab="밀도",
+     probability=TRUE, main="통학시간 히스토그램")
```

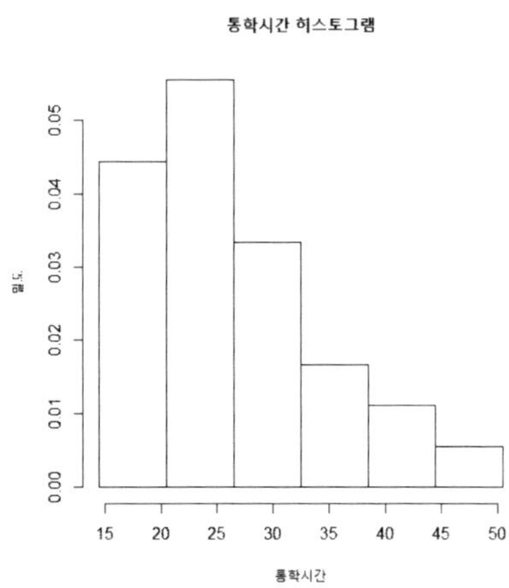

예제 2.3

예제 1.1 A 대학 신입생 중 추출한 30명을 대상으로 통학시간을 조사한 자료에 대한 줄기와 잎 그림을 작성하여라.

풀이

잎의 단위가 1.0이고 줄기의 단위는 10인, 다음과 같은 줄기와 잎 그림을 작성할 수 있다.

```
   3  1  555
(15)  2  000005555555555
  12  3  000000555
   3  4  005
```

위의 줄기와 잎 그림은 줄기의 수가 네 개이지만 다음과 같이 각 줄기의 잎이 5보다 작은 줄기와 5 이상인 줄기로 나누어 주면 줄기의 수가 두 배인 줄기와 잎 그림을 아래와 같이 작성할 수 있다.

```
줄기-잎 그림: 통학시간   N = 30
잎 단위 = 1.0

 3     1  555
 8     2  00000
(10)   2  5555555555
 12    3  000000
 6     3  555
 3     4  00
 1     4  5
```

예를 들어 아래 왼쪽의 줄기와 잎 그림은 하나의 줄기가 20이고 잎이 1, 2, 3, …, 8 그리고 9로 13개인 줄기와 잎 그림이다. 줄기의 수가 하나인 줄기와 잎 그림에서는 자료의 분포 형태가 잘 나타나지 않는다. 이것을 잎이 0 또는 1이거나 2 또는 3이거나 4 또는 5이거나 6 또는 7이거나 8 또는 9인 경우를 각각의 줄기 2*, 2t, 2f, 2s 그리고 2. 으로 나타내면 줄기의 수가 5배로 늘어난 아래 오른쪽의 줄기와 잎 그림을 작성할 수 있다. 이것을 역으로 적용하면 줄기의 수를 1/5로 줄일 수도 있을 것이다.

```
2   1234445567789
```

```
2*   1
2t   23
2f   44455
2s   677
2.   89
```

히스토그램의 계급의 수를 늘이거나 줄이듯이 줄기와 잎 그림도 줄기의 수를 늘이거나 줄일 수 있어 자료의 분포 형태가 잘 나타나도록 할 수 있다.

R 실습

사용형식: stem(x, scale)

- 줄기와 잎 그림을 그리는 함수로 scale 옵션을 이용하여 줄기의 길이 조절이 가능하다.

줄기와 잎 그림

```
> stem(x)

  The decimal point is 1 digit(s) to the right of the |

  1 | 555
  2 | 00000
  2 | 5555555555
  3 | 000000
  3 | 555
  4 | 00
  4 | 5
```

2.2 수치를 이용한 자료의 요약

그래프를 이용하여 자료를 요약하면 자료에 포함되어 있는 유용한 정보를 시각적인 형태로 바꾸어 나타내므로 정보전달의 측면에서 매우 효과적일 수 있다. 그러나 요약된 정보를 해석하는 경우에 주관이 개입될 수 있다. 이러한 관점에서 자료의 다양한 분포적 특성을 나타내는 수치를 이용하여 자료를 요약하면 좀 더 객관적인 정보의 전달이 가능할 것이다.

자료의 분포적 특성 중에 분포의 중심위치와 자료의 값들이 흩어진 정도를 나타내는 **산포도**가 있다. 중심위치를 나타내는 수치로는 평균과 중위수 그리고 최빈값 등이 있고 산포도에는 분산이나 표준편차 그리고 범위 또는 사분위수범위 그리고 변동계수 등이 있다. 이외에도 자료의 분포 형태를 나타내는 수치로 **왜도**(skewness)와 **첨도**(kurtosis)가 있다. 왜도는 분포 형태가 비대칭인 정도를 나타내는 수치이고 첨도는 분포의 중심위치의 형태가 정규분포와 비교하여 상대적으로 얼마나 뾰족한가를 나타내는 수치이다. 자료의 다양한 분포적 특성을 나타내는 이들 수치에 대하여 하나씩 자세히 알아보기로 하자.

중심위치를 나타내는 수치

자료의 평균은 중위수와 최빈값과 함께 자료의 중심위치를 나타내는 측도로 자료를 대표하는 역할을 한다고 하여 **대푯값**이라고도 한다. 자료의 값을 x_1, x_2, $\cdots$, x_n이라고 할 때 자료의 평균 $\overline{x}$('x bar'로 읽는다)는 다음과 같이 정의된다.

$$\overline{x}=\frac{\sum_{i=1}^{n}x_i}{n}$$

보통 표본자료의 평균은 $\overline{x}$로 나타내고 모집단의 평균은 μ(그리스 문자로 'mu'라고 읽는다)로 나타낸다.

자료의 중위수는 자료의 값들을 작은 값에서 큰 값 순으로 나열한 것을 $x_{(1)}$, $x_{(2)}$, $\cdots$, $x_{(n)}$라고 할 때 자료값들 중앙에 위치하는 값으로 보통 $\tilde{x}$('x tilde'로 읽는다)로 나타내며 n이 홀수이면

$$\tilde{x} = x_{\left(\frac{n+1}{2}\right)}$$

로 정의되며 n이 짝수이면

$$\tilde{x} = \frac{\left(x_{\left(\frac{n}{2}\right)} + x_{\left(\frac{n}{2}+1\right)}\right)}{2}$$

로 정의된다.

자료에서 자료값의 빈도가 가장 높은 자료값을 **최빈값**이라고 한다. 빈도가 가장 높은 자료값이 두 개 이상이면 최빈값이 두 개 이상이 될 수도 있다. 도수분포표로 요약된 자료는 도수가 가장 큰 최빈계급의 계급값을 최빈값으로 한다.

예제 2.4

다음은 어느 농촌 마을의 가구별 연소득 자료이다. 이 마을 연소득 자료의 평균과 중위수 그리고 최빈값을 구하여라.

52 49 51 59 50 50 52 51 53 49 (단위: 백만 원)

풀이

자료의 크기 n이 10이므로 자료의 평균은

$$\bar{x} = \frac{1}{n}\sum_{i=1}^{n} x_i = \frac{52 + \cdots + 49}{10} = \frac{516}{10} = 51.6$$

이다. 자료의 중위수를 구하기 위하여 자료값을 크기순으로 나열하면 다음과 같다.

49 49 50 50 51 51 52 52 53 59

자료의 크기 n이 10이므로 자료의 중위수

$$\tilde{x} = \frac{(x_{(5)} + \ x_{(6)})}{2} = \frac{51+51}{2} = 51$$

이다. 연소득 자료의 자료값의 빈도는 다음과 같다.

자료값 :	49	50	51	52	53	59
빈 도 :	2	2	2	2	1	1

따라서 연소득 자료의 최빈값은 49, 50, 51, 52 이다.

예제 2.4의 연소득 자료에서 소득이 가장 높은 농가소득이 5천9백만 원이 아니라 9천9백만 원이라고 했을 때, 이 농가소득은 대부분의 농가소득이 4천9백만 원에서 5천3백만 원 정도인 것과 비교하면 이들보다 훨씬 높아 이상치(outlier)라고 할 수 있다. 이와 같이 이상치가 있는 자료의 평균은

$$\bar{x} = \frac{1}{n}\sum_{i=1}^{n} x_i = \frac{49 + \cdots + 99}{10} = \frac{556}{10} = 55.6$$

이지만 농가소득 자료의 크기순으로 나열하면

49 49 50 50 51 51 52 52 53 99

이므로 자료의 중위수는 여전히 5번째 값 51과 6번째 값 51의 중간값으로 51이다.
이상치가 있는 자료의 경우 평균은 이상치의 영향을 많이 받아 51.6에서 55.6으로 되나 중위수의 경우는 이상치에 영향을 받지 않은 것을 볼 수 있다. 이것은 중위수가 평균보다 이상치에 대한 저항성이 크다는 사실을 보여 주는 예이다. 이런 사실은 이상치가 존재하는 자료의 경우 중위수가 평균보다 대푯값의 역할을 더 잘할 수 있음을 보여 준다.

예제 2.2의 도수분포표로 정리된 신입생 30명의 통학시간자료의 최빈값은 최빈계급 20.5 ~ 26.5의 계급값 23.5이다.

R 실습

사용형식: mean(x, trim=0, na.rm=FALSE)
- 평균을 계산하는 함수
- x: 데이터 벡터
- trim: 절단할 비율을 지정한다. 기본값은 0
- na.rm=FALSE : na.rm=TRUE이면 x에 NA가 포함되었을 때 NA를 제외하고 평균을 계산. 기본값은 na.rm=FALSE로 자료에 NA가 있으면 계산 결과는 NA를 반환

사용형식: median(x, na.rm = FALSE)
- 중위수를 계산하는 함수
- x: 데이터 벡터

데이터 중심에 대한 요약통계

```
> x <- c(52,49,51,59,50,50,52,51,53,49)
> mean(x)
[1] 51.6
> median(x)
[1] 51
> table(x)
x
49 50 51 52 53 59
 2  2  2  2  1  1
```

산포도

자료의 분산(variance: V)과 표준편차(standard deviation: SD) 그리고 변동계수(coefficient of variation: CV)는 자료의 값들이 흩어진 정도를 나타내는 산포도로서 다음과 같이 계산된다.

$$V = \frac{1}{n-1}\sum_{i=1}^{n}(x_i - \bar{x})^2,$$

$$SD = \sqrt{V},$$

$$CV = \frac{SD}{\bar{x}} \times 100(\%)$$

단위가 서로 다른 두 자료의 산포도를 비교할 때는 두 자료의 표준편차는 단위가 서로 달라 단위가 없는 변동계수를 사용하는 것이 합리적이며 산모의 몸무게 자료와 신생아 몸무게 자료와 같이 자료의 평균이 차이가 많이 나는 두 자료의 산포도를 비교할 때는 평균에 대한 상대적인 편차를 이용한 변동계수를 사용하는 것이 합리적이다.

자료의 제1사분위수 Q_1, 제2사분위수 Q_2, 제3사분위수 Q_3는 전체 자료값들을 1/4씩 나누는 값이다. 크기가 n인 자료의 경우 크기순으로 나열할 때 Q_1은 $(n+1)/4$번째, Q_2는 $2(n+1)/4$번째, Q_3은 $3(n+1)/4$번째에 해당되는 값으로 정의할 수 있다. $(n+1)$이 4의 배수가 아닌 경우에는 보간법을 이용하여 구한다. 예를 들어 $n=10$인 경우에 $(n+1)/4=2.75$이므로 $Q_1 = x_{(2)}+0.75(x_{(3)}-x_{(2)})$이고, $3(n+1)/4=8.25$이므로 $Q_3 = x_{(8)}+0.25(x_{(9)}-x_{(8)})$이 된다.

다음과 같이 정의되는 범위(range: R)와 사분위수범위(inter quartile range: IQR)도 자료의 산포도를 나타내는 값으로 사용된다.

$$R = x_{(n)} - x_{(1)},\quad IQR = Q_3 - Q_1$$

예제 2.5

예제 2.4의 농가의 연소득 자료의 표준편차와 분산과 변동계수와 범위와 사분위수범위를 구하여라.

풀이

아래와 같은 표를 이용하면 자료의 표준편차와 분산 그리고 변동계수를 편리하게 계산할 수 있다.

	x_i	$x_i-\bar{x}$	$(x_i-\bar{x})^2$
	52	0.4	0.16
	49	-2.6	6.76
	51	-0.6	0.36
	59	7.4	54.76
	50	-1.6	2.56

	50	-1.6	2.56
	52	0.4	0.16
	51	-0.6	0.36
	53	1.4	1.96
	49	-2.6	6.76
합계	516	0.0	76.40

$$\overline{x} = \frac{1}{n}\sum_{i=1}^{10} x_i = 516/10 = 51.6$$

$$V = \frac{1}{n-1}\sum_{i=1}^{n}(x_i - \overline{x})^2$$
$$= \frac{76.40}{9} = 8.489$$

$$SD = \sqrt{V} = 2.914,$$

$$CV = \frac{2.914}{51.6} \times 100 = 5.65(\%)$$

자료를 크기순으로 정렬하면 아래와 같다.

$x_{(1)}$	$x_{(2)}$	$x_{(3)}$	$x_{(4)}$	$x_{(5)}$	$x_{(6)}$	$x_{(7)}$	$x_{(8)}$	$x_{(9)}$	$x_{(10)}$
49	49	50	50	51	51	52	52	53	59

자료의 제1사분위수 Q_1과 제3사분위수 Q_3는

$$Q_1 = x_{(2)} + 0.75(x_{(3)} - x_{(2)}) = 49 + 0.75(50 - 49) = 49.75$$

$$Q_3 = x_{(8)} + 0.25(x_{(9)} - x_{(8)}) = 52 + 0.25(53 - 52) = 52.25$$

이다. 그러므로 자료의 범위 R과 사분위수범위 IQR은 다음과 같이 계산할 수 있다.

$$R = x_{(10)} - x_{(1)} = 59 - 49 = 10,$$

$$IQR = Q_3 - Q_1 = 52.25 - 49.75 = 2.5$$

이다.

연소득 자료에서 소득이 가장 높은 농가소득이 5천9백만 원이 아니라 9천9백만 원이라고 가정하면 범위는 10에서 50으로 이상치의 영향을 많이 받지만 사분위수범위는 변함이 없이 2.5이다. 즉 사분위수범위가 범위보다 이상치에 대한 저항성이 크다는 것을 알 수 있다.

R 실습

```
사용형식
sd(x):  표준편차를 계산하는 함수
var(x):  분산을 계산하는 함수
range(x): 최댓값과 최솟값을 계산하는 함수
max(x): 최댓값을 계산하는 함수
min(x): 최솟값을 계산하는 함수
IQR(x): 사분위수범위를 계산하는 함수
```

산포도

```
> x <- c(52,49,51,59,50,50,52,51,53,49)
> sd(x)
[1] 2.91357
> var(x)
[1] 8.488889
> sd(x)/mean(x)*100
[1] 5.646453
> max(x)-min(x)
[1] 10
> IQR(x)
[1] 2
```

분포 형태를 나타내는 수치

왜도는 자료의 분포형태의 대칭여부와 비대칭인 경우 어느 쪽으로 긴 꼬리를 가지고 그 정도가 어느 정도인가를 나타내는 수치이며, 첨도는 분포의 형태가 대칭인 정규분포와 비교하여 중심부분이 뾰족한 모양인지 중심부분이 평평한 모양인가를 나타내는 수치이다.
왜도와 첨도는 다음과 같이 계산한다.

$$왜도 = \frac{n}{(n-1)(n-2)}\sum_{i=1}^{n}(\frac{x_i-\overline{x}}{SD})^3$$

$$첨도 = \frac{n(n+1)}{(n-1)(n-2)(n-3)}\sum_{i=1}^{n}(\frac{x_i-\overline{x}}{SD})^4 - \frac{3(n-1)(n-1)}{(n-2)(n-3)}$$

왜도가 0인 자료는 분포의 형태가 대칭이고, 양이면 오른쪽 꼬리가 긴 모양이고 음이면 왼쪽 꼬리가 긴 모양임을 나타낸다. 첨도가 0에 가까우면 분포의 중심부분이 정규분포에 가깝고, 음이면 정규분포보다 더 평평하고 양이면 정규분포보다 더 뾰족한 모양임을 나타낸다.

다섯숫자요약과 상자그림

자료의 최솟값, 제1사분위수, 중위수, 제3사분위수, 최댓값으로 자료를 요약한 것을 **다섯숫자요약**(five number summary)이라고 한다. 이것을 그래프로 나타낸 것이 상자그림이다. **상자그림**은 누운 형태와 세운 형태로 나타낼 수 있다. 세운 상자그림은 직사각형의 윗면의 위치가 제1사분위수, 내부에 그은 수평선의 위치가 중위수, 아랫면의 위치가 제3사분위수를 나타내는 상자 모양의 그림으로 상자의 상하에 최댓값과 최솟값을 나타내어 자료를 요약하는 그림이다. 상자그림은 분포의 중심위치와 다섯 숫자 사이의 구간별 상대도수 밀도에 대한 정보도 나타내어 분포모양을 종합적으로 보여주며 특히 이상치 판단 기준을 제시한다. 이러한 상자그림은 두 개 이상의 자료를 비교할 때 유용하게 사용된다.

다음은 누운 형태의 상자그림 작성과 이상치 판단 기준 설정 과정이다.

1. 자료의 다섯 숫자 $x_{(1)}, Q_1, \tilde{x}, Q_3, x_{(n)}$을 계산한다.
2. $\tilde{x}$ 위치에 수평선을 그린다.
3. $\tilde{x}$의 아래와 위 Q_1과 Q_3 위치에 각각 수평선을 그리고 좌우에 수직선을 그려 가운데 수평선이 있는 직사각형모양의 상자그림을 그린다.
4. 상자 아래와 위에 울타리(fence) (f_l, f_u)를 만든다.

$$f_l = Q_1 - 1.5\times IQR \ ; \quad f_u = Q_3 + 1.5\times IQR$$

5. 자료의 값 중에 울타리 바깥쪽의 값을 이상치라고 하고 '∗' 위치에 나타내며, 울타리 안쪽의 값 중에 울타리에 가장 가까이 있는 값을 인접값이라고 하고 그 값까지 상자의 위쪽 면과 아래쪽 면의 중심에서 수직선으로 상자의 수염을 그린다.

예제 2.6

예제 2.4의 농가의 연소득 자료를 다섯 숫자로 요약하고 상자그림을 그려라.

풀이

자료의 다섯 숫자 $(x_{(1)}, Q_1, \tilde{x}, Q_3, x_{(n)}) = (49, 49.75, 51, 52.25, 59)$이다. $IQR = Q_1 - Q_3$ = 2.5이므로 울타리는 (46, 56)이다. 울타리 바깥쪽 값, 즉 46보다 작거나 56보다 큰 값은 이상치이다. 56보다 큰 값 59는 이상치이고, 46보다 큰 값 중에 가장 작은 값 49와 56보다 작은 값 중에 가장 큰 값 53이 인접값이다. 그러므로 상자그림은 다음과 같다.

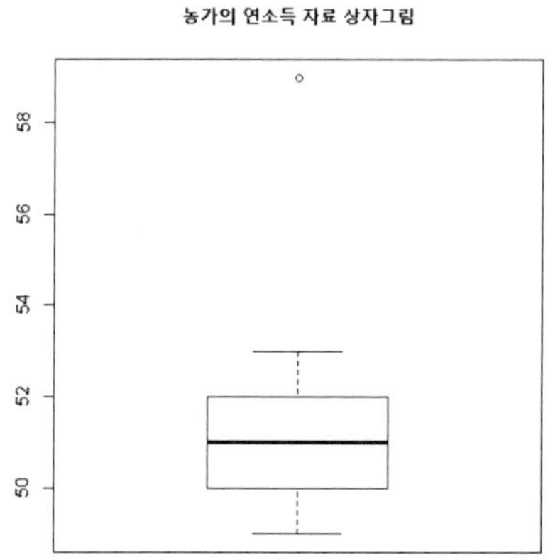

위 상자그림에서 이상치를 제외한 자료의 분포는 중위수를 중심으로 대칭인 모양이다.

R 실습

사용형식: boxplot(x, range = 1.5, horizontal = FALSE)

- x : 상자그림에 그리기 위한 입력할 숫자형 벡터
- range = 1.5 : IQR에 range=1.5를 곱한 길이를 넘지 않는 데이터까지 연결하라는 기본값 인수. range가 0이면 데이터의 최댓값과 최솟값까지 연결
- horizontal = FALSE : 상자그림의 방향을 지정. 기본값은 수직방향

상자그림

```
> x <- c(52,49,51,59,50,50,52,51,53,49)
> boxplot(x, main="농가의 연소득 자료 상자그림")
```

02장 연습문제

01 다음은 어느 도시의 중소기업 신입사원 중에 2016년도에 A 학교 졸업생들의 초임 연봉 자료이다.(단위: 백만 원)

24	9	16	13	18	30	23	22	21	11
6	21	19	21	30	12	31	19	22	20

(1) 초임 연봉 자료의 도수분포표를 작성하여라.

(2) 초임 연봉 자료의 히스토그램을 그려라.

(3) 초임 연봉 자료의 줄기와 잎 그림을 작성하여라.

(4) 위에서 그래프로 요약한 결과를 이용하여 자료의 분포 특성을 분석하여라.

02 연습문제 1번의 초임 연봉 자료에 대한 아래 물음에 답하여라.

(1) 자료의 평균을 구하여라.

(2) 자료의 중위수를 구하여라.

(3) 자료의 최빈값을 구하여라.

(4) 자료의 분산을 구하여라.

(5) 자료의 표준편차를 구하여라.

(6) 자료의 변동계수를 구하여라.

(7) 자료의 사분위수범위를 구하여라.

(8) 자료의 왜도를 구하여라.

(9) 자료의 첨도를 구하여라.

03 연습문제 1번의 초임 연봉 자료에 대한 아래 물음에 답하여라.

(1) 자료를 다섯 숫자로 요약하여라.

(2) 자료의 상자그림을 구하여라.

(3) 자료의 상자그림과 1번의 히스토그램과 줄기와 잎 그림을 비교해보자.

03장

확률 및 확률분포

3.1 표본공간과 사상

이 장에서는 통계적 방법의 이론적 배경인 확률이론을 알아보기로 하자. 먼저 확률을 정의하기 위하여 필요한 몇 가지 용어를 알아보자.

동전을 던져서 윗면이 앞면인지 뒷면인지를 관찰하는 실험이나 주사위를 던져서 윗면의 눈의 수가 몇 개인가를 관찰하는 실험과 같이, 동일한 조건으로 실험을 반복하는 것이 가능하고 실험에서 일어날 수 있는 모든 결과를 알 수는 있으나 개별 실험의 결과는 실험을 해보기 전에는 알 수 없는 실험을 **통계적 실험**이라고 한다.

통계적 실험에서 일어날 수 있는 모든 결과의 집합을 **표본공간**(sample space)이라고 한다. 통계적 실험에서 하나의 결과를 원소로 하는 집합을 **단순사상**(simple event)이라고 하고 표본공간의 임의의 부분집합을 **사상**(event) 혹은 사건이라고 한다.

사상 A에 속하거나 사상 B에 속하는 원소들의 집합을 사상 A와 사상 B의 **합사상**이라 하고 $A \cup B$로 나타낸다. 사상 A와 사상 B에 동시에 속하는 원소들의 집합을 사상 A와 사상 B의 **곱사상** 혹은 공통사상이라고 하며 $A \cap B$로 나타낸다.

사상 A에 속하지 않는 표본공간의 원소들의 집합을 A의 **여사상**이라 하고 A^C로 나타낸다. 두 사상 A와 B가 $A \cap B = \phi$일 때 두 사상 A와 B는 서로 **배반사상**(mutually exclusive events)이라고 한다.

예제 3.1

주사위를 던져서 윗면의 눈의 수가 몇 개인가를 관찰하는 실험의 표본공간 S_1은 무엇인가?

풀이

주사위의 윗면의 눈의 수를 관찰하는 실험의 표본공간 S_1은 다음과 같이 나타낼 수 있다.

$$S_1 = \{1,2,3,4,5,6\}$$

예제 3.2

동전을 두 번 던져서 윗면이 앞면인지 뒷면인지를 관찰하는 실험의 표본공간 S_2는 무엇인가?

풀이

첫 번째와 두 번째 던진 동전 모두 윗면이 앞면이 관측된 경우를 HH, 첫 번째는 앞면 두 번째는 뒷면이 관측된 경우를 HT, 첫 번째는 뒷면 두 번째는 앞면이 관측된 경우를 TH, 첫 번째와 두 번째 모두 뒷면이 관측된 경우를 TT라고 하면 이 실험의 표본공간 S_2는 다음과 같이 나타낼 수 있다.

$$S_2 = \{ HH, HT, TH, TT \}$$

예제 3.3

주사위의 윗면의 눈의 수를 관찰하는 실험에서 윗면의 눈의 수가 짝수일 사상을 A라고 하고 홀수일 사상을 B라고 하고 5 이상일 사상을 C라고 하자.

(1) 사상 A와 사상 B와 사상 C를 집합기호로 나타내어라.

(2) 사상 A의 여사상은 무엇인가?

(3) 사상 B와 사상 C의 곱사상은 무엇인가?

(4) 사상 A와 사상 C의 합사상은 무엇인가?

(5) 사상 A와 사상 B와 사상 C 중에 서로 배반인 사상은 무엇인가?

풀이

(1) 사상 $A = \{2,4,6\}$이고 $B = \{1,3,5\}$이고, $C = \{5,6\}$이다.

(2) 눈의 수가 짝수일 사상의 여사상은 눈의 수가 짝수가 아닐 사상, 즉 홀수일 사상 B이다.

(3) 사상 $B = \{1,3,5\}$와 사상 $C = \{5,6\}$의 곱사상은 $\{5\}$이다.

(4) 사상 $A = \{2,4,6\}$와 사상 $C = \{5,6\}$의 합사상은 $\{2,4,5,6\}$이다.

(5) $A \cap B = \varnothing$ 이므로 사상 A와 사상 B는 서로 배반인 사상이다.

3.2 확률의 정의

통계적 실험에서 사상 A의 원소 중에 하나가 실험의 결과로 관측되면 사상 A가 일어난다고 한다. 통계적 실험에서 모든 단순사상이 일어날 가능성이 동일하다면 임의의 단순사상

E_i가 일어날 확률 $P(E_i)$는 다음과 같이 정의할 수 있으며,

$$P(E_i) = \frac{1}{\text{표본공간에 포함되는 모든 단순사상의 개수}}$$

임의의 사상 A가 일어날 확률 $P(A)$는 다음과 같이 정의할 수 있다.

$$P(A) = \frac{\text{사상 } A \text{에 포함되는 모든 단순사상의 개수}}{\text{표본공간에 포함되는 모든 단순사상의 개수}}$$

이러한 확률의 정의를 고전적 정의라고 한다.

고전적 확률의 정의는 모든 단순사상이 일어날 가능성이 동일한 통계적 실험의 경우 적용이 가능하다. 단순사상이 일어날 가능성이 동일하지 않은 경우에는 임의의 사상 A가 일어날 확률 $P(A)$는 다음과 같이 사상 A의 상대도수의 극한값으로 정의할 수 있다.

$$P(A) = \lim_{n \to \infty} \frac{n(A)}{n},$$

여기서 $n(A)$는 n회 실험에서 사건 A가 일어난 횟수이다.

고전적인 확률의 정의나 상대도수의 극한을 이용한 확률의 정의를 모두 만족하는 확률의 공리적 정의는 다음과 같다.

(1) 표본공간 S에 대하여 $P(S) = 1$,

(2) 표본공간 S의 임의의 사상 A에 대하여 $0 \leq P(A) \leq 1$,

(3) 서로 배반인 사상 $A_1, A_2, \cdots (i \neq j$이면 $A_i \cap A_j = \varnothing)$에 대하여

$$P(\bigcup_{i=1}^{\infty} A_i) = \sum_{i=1}^{\infty} P(A_i)$$

위 확률의 공리적 정의를 만족할 때 $P(A)$를 사상 A의 확률이라고 한다.

표본공간이 S인 실험에서 사상 A가 일어났다는 것이 알려진 후에 사상 B가 일어날 조건부확률을 생각해 보자. 사상 A가 일어났다면 A에 포함되지 않는 어떤 단순사상도 일어날 수 없으므로 사상 A를 표본공간으로 볼 수 있다. 따라서 A가 일어났다는 조건하에 B의 **조건부확률** $P(B|A)$는 다음과 같이 정의할 수 있다.

$$P(B\,|A)=\frac{P(A\cap B)}{P(A)} \qquad \text{단, } P(A)>0.$$

만약 $P(B\,|A)=P(B)$이면 사상 B가 사상 A에 아무런 영향을 받지 않고 있다는 것이므로 $P(B\,|A)=P(B)$이거나 $P(A\,|B)=P(A)$이면 사상 A와 사상 B가 서로 독립이라고 한다.

예제 3.4

예제 3.3의 주사위의 윗면의 눈의 수를 관찰하는 실험에서 윗면의 눈의 수가 5 이상일 사상 C가 일어났다는 조건하에 짝수일 사상 A의 조건부확률 $P(A\,|C)$는 얼마인가?

풀이

윗면의 눈의 수가 5 이상일 사상 C가 일어났다는 것은 윗면의 눈의 수가 5 아니면 6이었다는 것이고 이때 윗면의 눈의 수가 짝수일 확률은 1/2이 될 것이다. 이 확률을 조건부확률의 정의를 이용하여 구하여 보자. $P(A\cap C=\{6\})=1/6$이고 $P(C=\{5,6\})=1/3$이므로

$$P(A\,|C)=\frac{P(A\cap C)}{P(C)}=\frac{1/6}{1/3}=\frac{1}{2}$$

이다.

3.3 확률의 법칙

합사상의 확률

사상 A와 사상 B의 합사상 $A\cap B$의 확률은

$$P(A\cup B)=P(A)+P(B)-P(A\cap B)$$

이다. 만약 두 사상이 서로 배반이면 확률의 공리적 정의 조건 (3)에 의하여

$$P(A \bigcup B) = P(A) + P(B)$$

이다. k개 사상 $A_{1,} \cdots, A_k$가 서로 배반이면 합사상의 확률은

$$P(\bigcup_{i=1}^{k} A_i) = \sum_{i=1}^{k} P(A_i)$$

이다.

여사상의 확률

표본공간이 S인 실험에서 사상 A와 여사상 A^C $(A \cap A^C = \varnothing)$는 서로 배반이므로 $P(A \cup A^C) = P(A) + P(A^C)$이다. 그리고 $A \cup A^C = S$이므로 $P(A \cup A^C) = P(S)$이고 $P(A) + P(A^C) = P(S) = 1$이다. 그러므로 여사상 A^C의 확률은 $1 - P(A)$이다.

곱사상의 확률

조건부확률의 정의에 의하면 $P(B|A) = (P(A \cap B)/P(A))$이므로 사상 A와 사상 B의 곱사상의 확률은

$$P(A \bigcap B) = P(A) \times P(B|A)$$

혹은

$$P(A \bigcap B) = P(B) \times P(A|B)$$

이다.

사상 A와 사상 B가 서로 독립이면

$$P(A \bigcap B) = P(A) \times P(B)$$

이다.

예제 3.5

예제 3.3의 주사위의 윗면의 눈의 수를 관찰하는 실험에서 윗면의 눈의 수가 짝수일 사상을 A, 5 이상일 사상을 C, 4 이상일 사상을 D라고 하자.

(1) 사상 A와 사상 C는 서로 독립인 사상인가?

(2) 사상 A와 사상 D는 서로 독립인 사상인가?

(3) 사상 A와 사상 C의 공통사상 $P(A\cap C)$의 확률을 구하여라.

(4) 사상 A와 사상 D의 공통사상 $P(A\cap D)$의 확률을 구하여라.

풀이

(1) 사상 C가 일어났다는 조건하에 짝수일 사상 A의 조건부확률

$$P(A\,|C)=\frac{P(A\cap C)}{P(C)}=\frac{1/6}{1/3}=\frac{1}{2}=P(A)$$

이므로 사상 A와 사상 C는 서로 독립이다.

(2) 사상 D가 일어났다는 조건하에 짝수일 사상 A의 조건부확률

$$P(A\,|D)=\frac{P(A\cap D)}{P(D)}=\frac{1/3}{1/2}=\frac{2}{3}\neq\frac{1}{2}=P(A)$$

이므로 사상 A와 사상 D는 서로 독립이 아니다.

(3) 사상 A와 사상 C는 서로 독립이므로

$$P(A\cap C)=P(A)\times P(C)=\frac{1}{2}\times\frac{1}{3}=\frac{1}{6}$$

이다.

(4) 사상 A와 사상 D의 공통사상 $P(A\cap D)$의 확률은

$$P(A\cap D)=P(D)\times P(A|D)=\frac{1}{2}\times\frac{2}{3}=\frac{1}{3}$$

이다.

3.4 베이즈 정리

확률의 분할

어떤 사상 C를 서로 배반인 사상 C_1과 C_2의 합사상으로 나타낼 수 있으면 사상 C는 서로 배반인 사상 C_1과 C_2로 분할된다고 한다. 표본공간 S를 분할하는 서로 배반인 사상 $A_1, A_2, \cdots, A_k$를 이용하여 임의의 사상 B를 다음과 같이 서로 배반인 사상으로 분할할 수 있다.

$$B = (B \cap A_1) \cup \cdots \cup (B \cap A_k)$$

그러므로 $\bigcup_{i=1}^{k} A_i = S$를 만족하는 서로 배반인 사상 $A_1, A_2, \cdots, A_k$를 이용하여 사상 B의 확률을

$$P(B) = \sum_{i=1}^{k} P(B \cap A_i)$$

와 같이 나타낼 수 있다.

예제 3.6

예제 3.3의 주사위의 윗면의 눈의 수를 관찰하는 실험에서 윗면의 눈의 수가 짝수일 사상을 A, 홀수일 사상을 B, 4 이상일 사상을 D라고 하자.

(1) 합사상이 표본공간이고 서로 배반인 사상 A와 B를 이용하여 사상 D를 분할하여라.

(2) (1)에서 수행한 사상 A와 B를 이용한 사상 D의 분할을 다음과 같이 벤다이어그램으로 나타낼 수 있다.

풀이

(1) $A \cap B = \varnothing$이고 $A \cup B = S$이므로 사상 D는 $D \cap A$와 $D \cap B$로 분해할 수 있다.

(2) 사상D의 분할을 다음과 같은 벤다이어그램으로 나타내어라.

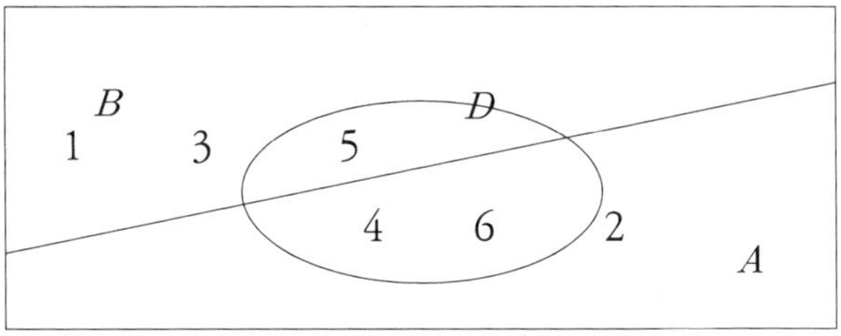

〈그림 3.1〉 사상 D의 분할

사전확률과 사후확률

예제 3.6에서 사상 A와 B의 확률은 이들과 연관이 있는 사상 D를 관찰하기 이전의 확률로 사전확률로 볼 수 있다. 사상 D가 관찰된 후에 사건 A의 조건부확률 $P(A|D)$는 사건 A의 사후확률이라고 할 수 있다. 어떤 사건 A의 사전확률과 그 사건과 관련이 있는 사건 D와 관련된 확률을 알고 있을 때 사건 A의 사후확률 $P(A|D)$를 구하기 위하여 다음과 같은 베이즈 정리를 이용할 수 있다.

베이즈 정리

표본공간 S가 사상 $E_1, E_2, \cdots, E_n$ 로 분할될 때, 사상 $C(P(C) > 0)$가 일어났을 때 사상 $E_k(1 \le k \le n)$에 대한 조건부확률

$$P(E_k|C) = \frac{P(C|E_k)P(E_k)}{\sum_{i=1}^{n} P(C|E_i)P(E_i)}$$

이다.

예제 3.7

질병 A의 감염여부를 알아보기 위하여 실시하는 간이검사인 D 검사를 고려해 보자. 최근 임상실험에서 실제 질병 A에 감염된 사람의 비율이 조사대상자의 20%이고 비감염자의 비율은 80%라고 한다. D 검사는 감염자의 99%가 양성으로 나타나고 비감염자의 5%가 양성으로 나타난다고 한다. 조사대상자 중에 랜덤하게 추출한 사람에 대한 D 검사의 결과가

양성이었다. 이 사람이 질병 A에 감염되었을 확률은 얼마인가?

풀이

조사대상자가 질병 A에 감염되었을 사상을 A라고 하고 D 검사의 결과가 양성일 사상을 D라고 하면 $P(A)=0.2$, $P(A^C)=0.8$이고 $P(D|A)=0.99$이고, $P(D|A^C)=0.05$이므로 검사 결과가 양성인 사람이 감염되었을 확률은

$$P(A|D)=\frac{P(D|A)\times P(A)}{P(D|A)\times P(A)+P(D|A^C)\times P(A^C)}$$

$$=\frac{0.99\times 0.2}{0.99\times 0.2+0.05\times 0.8}=\frac{0.198}{0.198+0.04}=0.83$$

이다. 이것은 조사대상자 중에 랜덤하게 추출한 사람이 질병에 감염되었을 확률은 사전확률로 0.2이나 그 사람의 D검사 결과가 양성으로 나왔다면 질병에 감염되었을 확률은 사후확률로 0.83으로 높아짐을 보여 준다.

3.5 확률변수와 확률분포

어떤 사상의 확률은 통계적 실험에서 그 사상이 일어날 가능성의 정도임을 보았다. 만약 각 사상에 대하여 실수값을 갖는 변수를 정의하면 어떤 사상이 일어날 확률을 그 변수가 어떤 값을 가질 확률로 나타낼 수 있을 것이다. 이와 같이 특정한 값이 될 확률을 알 수 있는 변수를 **확률변수**라고 한다.

예제 3.8

예제 3.2의 동전을 두 번 던져서 동전의 윗면이 앞면인지 뒷면인지를 관찰하는 실험에서 확률변수 X를 두 번 중에 동전의 윗면이 앞면인 횟수라고 할 때 X의 확률분포는 어떻게 되는가?

풀이

동전을 두 번 던지는 실험의 표본공간 $S=\{(H,H),(H,T),(T,H),(T,T)\}$이고 각 원소들이 나타날 확률은 1/4이다. 표본공간의 각 원소에 대응되는 확률변수 X의 값은 0, 1, 2이다. 그러므로 확률변수 X의 각 값에 대한 확률은

$$P(X=0)=P(\{(T,T)\})=\frac{1}{4}$$

$$P(X=1)=P(\{(H,T)\cup(T,H)\})=P(\{(H,T)\})+P(\{(T,H)\})=\frac{1}{4}+\frac{1}{4}=\frac{1}{2}$$

$$P(X=2)=P(\{(H,H)\})=\frac{1}{4}$$

이다. 이것을 정리하면 표 3.1과 같은 확률변수 X의 확률분포표를 얻을 수 있다.

〈표 3.1〉 X의 확률분포표

X의 값 x	$P(X=x)$
0	1/4
1	1/2
2	1/4
합계	1

예제 3.8의 확률변수 X와 같이 확률변수의 가능한 값이 유한개이거나 셀 수 있는 확률변수를 **이산확률변수**라고 한다. 대규모의 학생집단에서 랜덤으로 추출한 학생의 키를 측정하는 실험에서 측정된 키를 Y라고 하면 Y도 하나의 확률변수로 볼 수 있는데 이 경우는 확률변수 Y의 가능한 값이 셀 수 없이 많은 **연속확률변수**가 된다.

이산확률변수는 확률변수의 가능한 모든 값 x에 확률을 대응시켜주는 확률분포표나 확률질량함수 $p(x)=P(X=x)$를 이용하여 확률분포를 나타낼 수 있다.

연속확률변수는 확률밀도를 나타내는 함수, 즉 확률밀도함수 $f(x)$를 이용하여 확률변수가 실수구간 $[a,b]$에 포함될 확률을 구간 내에서 확률밀도함수 아래 부분의 면적으로 나타낸다.

이산확률변수 X의 **확률질량함수** $p(x)$의 성질을 정리하면 다음과 같다.

(1) 확률변수 X의 가능한 모든 값 x에 대하여, $0 \le p(x) \le 1$이다.

(2) 확률변수 X가 $[a,b]$에 포함될 확률$P(a \le X \le b) = \sum_{a \le x \le b} p(x)$이다.

(3) 확률변수 X의 가능한 모든 값 x에 대한 확률질량함수 값 $p(x)$의 합 $\sum_{\text{모든 } x} p(x) = 1$이다.

연속확률변수 X의 **확률밀도함수** $f(x)$의 성질을 정리하면 다음과 같다.

(1) 확률변수 X의 가능한 모든 값 x에 대하여, $f(x) \ge 0$이다.

(2) 확률변수 X가 $[a,b]$에 포함될 확률 $P(a \le X \le b) = \int_a^b f(x)dx$이다.

(3) 확률변수 X의 전 구간에 대한 확률은 $\int_{-\infty}^{\infty} f(x)dx = 1$이다.

확률변수 X의 누적확률을 나타내는 함수를 **누적분포함수**(cumulative distribution function CDF)라고 한다. 확률변수 X의 누적분포함수 $F(x)$는 다음과 같이 정의된다.

$$F(x) = P(X \le x)$$

일반적으로 이산확률변수의 누적분포함수 그래프는 계단모양을 한다. 각 계단의 높이가 이산확률변수가 갖는 확률이 된다. 다음 예제 3.9에서 연속확률변수의 확률밀도함수 $f(x)$와 누적분포함수$F(x)$의 사례를 살펴보기로 하자.

예제 3.9

확률밀도함수 $f(x)$의 그래프가 그림 3.2와 같은 연속확률변수 X에 대한 다음 물음에 답하여라.

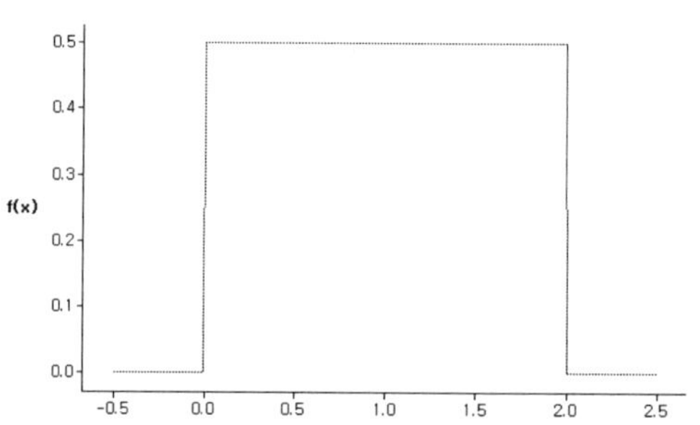

〈그림 3.2〉 연속확률변수의 확률밀도함수

(1) 연속확률변수 X의 확률밀도함수 $f(x)$는 무엇인가?

(2) $P(0.5 \leq X \leq 1.5)$은 얼마인가?

(3) 확률변수 X의 누적분포함수 $F(x)$를 구하여라.

(4) 확률변수 X의 누적분포함수 $F(x)$를 그래프로 나타내어라.

풀이

(1) 연속확률변수 X의 확률밀도함수 $f(x)$는 다음과 같다.

$$f(x) = \begin{cases} 0 \ , & x < 0 \\ 0.5 \ , & 0 \leq x < 2 \\ 0 \ , & x \geq 2 \end{cases}$$

(2) $P(0.5 \leq X \leq 1.5) = \int_{0.5}^{1.5} \frac{1}{2} dx = [\frac{1}{2}x]_{0.5}^{1.5} = 0.5$

(3) 확률변수 X의 누적분포함수 $F(x)$는 다음과 같다.

$$F(x) = P(X \leq x) = \begin{cases} 0 \ , & x < 0 \\ \int_0^x \frac{1}{2} dx = \frac{x}{2} \ , & 0 \leq x < 2 \\ 1 \ , & x \geq 2 \end{cases}$$

(4) 확률변수 X의 누적분포함수 $F(x)$의 그래프는 다음과 같다.

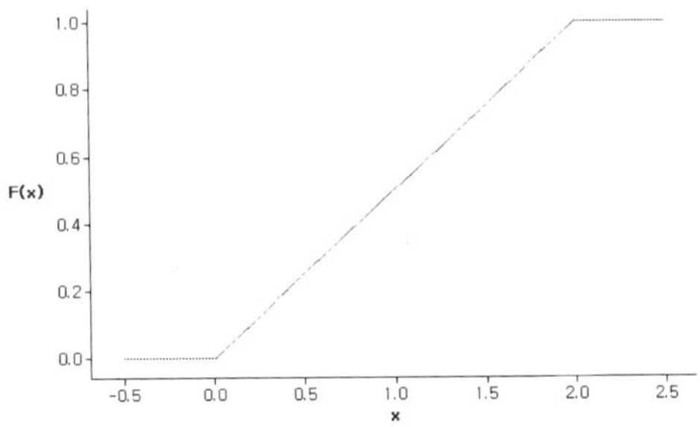

〈그림 3.3〉 연속확률변수의 누적분포함수

3.6 기댓값과 분산

확률변수의 확률분포의 특징을 나타내는 수치가 확률변수의 기댓값(평균)과 분산이나 표준편차이다. 확률변수의 기댓값(혹은 평균)은 확률분포의 중심위치를 나타내고 분산이나 표준편차는 확률분포에서 중심으로부터 얼마나 흩어져 있는가를 나타내는 수치이다.

확률변수 X의 기댓값(평균)은 $E(X)$, 분산은 $V(X)$, 표준편차는 $SD(X)$로 나타내며 다음과 같이 구할 수 있다.

(1) 이산확률변수의 경우

$$E(X)=\sum_{X\text{의 모든 값 } x} x\,p(x) \equiv \mu$$

$$V(X)=E(X-\mu)^2=\sum_{X\text{의 모든 값 } x}(x-\mu)^2 p(x) \equiv \sigma^2$$

$$SD(X)=\sqrt{V(X)}$$

분산을 계산할 때는 간편식 $V(X)=E(X^2)-\mu^2=\sum_{\text{모든 } x} x^2 p(x)-\mu^2$ 을 이용하면 편리하다.

(2) 연속확률변수의 경우

$$E(X)=\int_{-\infty}^{\infty} xf(x) \equiv \mu$$

$$V(X)=E(X-\mu)^2=\int_{-\infty}^{\infty}(x-\mu)^2 f(x)dx \equiv \sigma^2$$

$$SD(X)=\sqrt{V(X)}$$

분산을 계산할 때는 간편식 $V(X)=E(X^2)-\mu^2=\int_{-\infty}^{\infty} x^2 f(x)dx-\mu^2$ 을 이용하면 편리하다.

예제 3.10

예제 3.2의 동전을 두 번 던지는 실험에서 두 번 중에 동전의 윗면이 앞면인 횟수로 정의한 이산확률변수 X의 기댓값 $E(X)$와 분산 $V(X)$를 구하여라.

풀이

이산확률변수 X의 확률질량함수 $p(x)$의 값이 다음과 같다.

x	0	1	2	합
$p(x)$	1/4	1/2	1/4	1

그러므로 X의 기댓값은

$$E(X) = \sum_{X\text{의 모든 값 } x} x\,p(x) = 0 \times \frac{1}{4} + 1 \times \frac{1}{2} + 2 \times \frac{1}{4} = 1$$

이며, X의 분산은

$$\begin{aligned} V(X) = E(X-\mu)^2 &= \sum_{X\text{의 모든 값 } x} (x-\mu)^2 p(x) \\ &= (0-1)^2 \times \frac{1}{4} + (1-1)^2 \times \frac{1}{2} + (2-1)^2 \times \frac{1}{4} \\ &= \frac{1}{2} \end{aligned}$$

이다.

예제 3.11

확률밀도함수가 예제 3.9의 $f(x)$인 연속확률변수 X의 기댓값 $E(X)$와 분산 $V(X)$를 구하여라.

풀이

X의 기댓값

$$E(X) = \int_{-\infty}^{\infty} xf(x) = \int_{0}^{2} \frac{x}{2} dx = [\frac{x^2}{4}]_0^2 = 1$$

이다.

X의 분산

$$V(X) = E(X-1)^2 = \int_{-\infty}^{\infty} (x-1)^2 f(x) dx$$

$$= \int_{0}^{2} (\frac{1}{2}x^2 - x + \frac{1}{2}) dx = [\frac{x^3}{6} - \frac{x^2}{2} + \frac{x}{2}]_0^2 = \frac{1}{3}$$

이다.

확률변수의 기댓값과 분산은 확률변수 X와 상수 a와 b에 대하여 다음과 같은 성질을 갖는다.

(1) $E(a) = a$

(2) $E(aX \pm b) = aE(X) \pm b$

(3) $V(a) = 0$

(4) $V(aX \pm b) = a^2 V(X)$

예제 3.12

X는 기댓값 $E(X)$가 10이고 분산 $V(X)$가 4인 확률변수이다. 아래 물음에 답하여라.

(1) $Y = 10X + 20$일 때 Y의 기댓값 $E(Y)$와 분산 $V(Y)$는 얼마인가?

(2) $Z = \frac{X-10}{2}$라고 두면 확률변수 Z의 기댓값과 분산은 얼마인가?

풀이

(1) Y의 기댓값 $E(Y) = E(10X+20) = 10E(X) + 20 = 120$이고 Y의 분산 $V(Y) = V(10X+20) = 100V(X) = 400$이다.

(2) 확률변수 Z의 기댓값 $E(Z) = E(\frac{1}{2}(X-10)) = \frac{1}{2}(E(X) - 10) = 0$이다. 분산 $V(Z) = V(\frac{1}{2}(X-10)) = \frac{1}{4}V(X-10) = \frac{1}{4}V(X) = 1$이다.

예제 3.12의 (2)와 같이 어떤 확률변수에서 그 확률변수의 기댓값을 빼주고 표준편차로 나누어 주는 변환은 기댓값이 0이고 분산이 1인 확률변수로 변환된다. 이러한 확률변수의 변환을 확률변수 X의 표준화변환이라고 한다.

3.7 결합확률분포

통계적 실험에서 하나의 확률변수만 고려하는 것이 아니라 많은 경우에 둘 이상의 확률변수를 동시에 고려하여 이들의 관계를 분석할 수 있다. 이런 경우 두 개 이상의 확률변수가 동시에 각각 가능한 값이 될 확률을 나타내는 확률분포를 **결합확률분포**(joint probability distribution)라고 한다. 여기서는 두 개의 이산확률변수의 결합확률분포를 예를 통하여 알아보기로 하자.

다음은 어느 지역에서 실시한 가구조사 결과로 컴퓨터 x대와 자동차 y대를 소유한 가구의 수 자료이다.

〈표 3.2〉 컴퓨터 x대와 자동차 y대를 소유한 가구수 자료

y \ x	0	1	2	3	합
0	10	50	20	10	90
1	0	280	170	50	500
2	0	60	150	70	280
3	0	10	30	90	130
합	10	400	370	220	1,000

이 지역 가구 중에 랜덤 추출한 한 가구가 소유한 개인용 컴퓨터 수를 X라고 하고 자동차 수를 Y라고 하면 $X=x$이고 $Y=y$일 확률 $P(X=x,\ Y=y)$는 다음과 같을 것이다.

〈표 3.3〉 이산확률변수 X와 Y의 결합확률분포표

y \ x	0	1	2	3	$P(Y=y)$
0	0.01	0.05	0.02	0.01	0.09
1	0.00	0.28	0.17	0.05	0.50
2	0.00	0.06	0.15	0.07	0.28
3	0.00	0.01	0.03	0.09	0.13
$P(X=x)$	0.01	0.40	0.37	0.22	1.00

X와 Y의 결합확률분포표에서 각 셀의 값은 결합확률함수 $P(X=x, Y=y)$의 값이고 각 열의 합계는 확률변수 X의 확률분포이고 각 행의 합계는 확률변수 Y의 확률분포이다. 이와 같이 결합확률분포표에서 각 행의 합계와 각 열의 합계로 구한 X 와 Y의 확률분포를 **주변확률분포**(marginal probability distribution)라고 한다.

두 이산확률변수 X와 Y의 결합확률분포와 X의 주변확률함수 $P(X=x)$와 Y의 주변확률함수 $P(Y=y)$가 X와 Y의 모든 가능한 값 (x,y)에 대하여

$$P(X=x, Y=y) = P(X=x)P(Y=y)$$

를 만족할 때 확률변수 X와 Y는 서로 독립이라고 한다.

결합확률분포에서 각각의 주변확률분포를 이용하여 구한 두 이산확률변수 X와 Y의 기댓값을 μ_X와 μ_Y라고 할 때 $(X-\mu_X)(Y-\mu_Y)$의 값을 관찰한다고 하자. 결합확률분포에서 X가 기댓값 μ_X보다 작은 값일 때 Y도 기댓값 μ_Y보다 작은 값일 확률이 높고 X가 기댓값 μ_X보다 큰 값일 때 Y도 기댓값 μ_Y보다 큰 값일 확률이 높다면 $(X-\mu_X)(Y-\mu_Y)$의 평균은 양의 값을 갖게 될 것이고, 반대로 X가 기댓값 μ_X보다 작은 값일 때 Y도 기댓값 μ_Y보다 큰 값일 확률이 높고 X가 기댓값 μ_X보다 큰 값일 때 Y도 기댓값 μ_Y보다 작은 값일 확률이 높다면 $(X-\mu_X)(Y-\mu_Y)$의 평균은 음의 값을 갖게 될 것이다. 이와 같이 두 변수 X와 Y가 어떤 방향으로 동시에 변화하는 정도를 보여 주는 **공분산**(covariance)은 $Cov(X, Y)$로 나타내고 다음과 같이 구할 수 있다.

$$
\begin{aligned}
Cov(X, Y) &\equiv E(X-\mu_X)(Y-\mu_Y) \\
&= E(XY) - \mu_X \mu_Y \\
&= \sum_{\text{모든 }(x,\ y)} \sum xyP(X=x, Y=y) - \mu_X \mu_Y
\end{aligned}
$$

두 확률변수 X와 Y의 공분산 $Cov(X, Y)$은 단위를 갖는다. 확률변수의 단위와 무관하도록 두 확률변수 X와 Y의 공분산 $Cov(X, Y)$을 두 확률변수 X와 Y의 표준편차의 곱 $\sigma_X \sigma_Y$으로 나누어 준 것을 **상관계수**(correlation coefficient)라고 한다. X와 Y의 상관계수는 ρ_{XY}로 나타내며 다음과 같이 정의된다.

$$
\rho_{XY} \equiv \frac{Cov(X, Y)}{\sigma_X \sigma_Y}
$$

두 확률변수 X와 Y의 상관계수 ρ_{XY}는 다음과 같은 성질을 갖는다.

(1) $-1 \leq \rho_{XY} \leq 1$

(2) ρ_{XY}가 -1이나 1에 가까울수록 선형관계의 정도가 강하고 0에 가까울수록 선형관계의 정도가 약함을 나타낸다.

(3) ρ_{XY}의 부호가 양이면 양의 상관관계이고 음이면 음의 상관관계를 나타낸다.

(4) 두 확률변수 X와 Y가 독립이면 $\rho_{XY} = 0$이다.

예제 3.13

표 3.3이 결합확률분포인 두 확률변수 X와 Y에 대한 아래 물음에 답하여라.

(1) 두 확률변수 X와 Y의 기댓값을 구하여라.

(2) 두 확률변수 X와 Y의 표준편차를 구하여라.

(3) 두 확률변수 X와 Y의 공분산 $Cov(X, Y)$를 구하여라.

(4) 두 확률변수 X와 Y의 상관계수 ρ_{XY}를 구하여라.

풀이

(1) X의 기댓값 $E(X) = 0 \times 0.01 + 1 \times 0.4 + 2 \times 0.37 + 3 \times 0.22 = 1.8$이고

Y의 기댓값 $E(Y) = 0 \times 0.09 + 1 \times 0.50 + 2 \times 0.28 + 3 \times 0.13 = 1.45$이다.

(2) $E(X^2) = 0^2 \times 0.01 + 1^2 \times 0.40 + 2^2 \times 0.37 + 3^2 \times 0.22 = 3.86$ 이므로

$V(X) = E(X^2) - \mu_X^2 = 3.86 - (1.8)^2 = 3.86 - 3.24 = 0.62$이다.

$E(Y^2) = 0^2 \times 0.09 + 1^2 \times 0.50 + 2^2 \times 0.28 + 3^2 \times 0.13 = 2.79$ 이므로

$V(Y) = E(Y^2) - \mu_Y^2 = 2.79 - (1.45)^2 = 0.6875$이다.

(3) $E(XY) = 1 \times 1 \times 0.28 + 1 \times 2 \times 0.06 + 1 \times 3 \times 0.01 + 2 \times 1 \times 0.17 + 2 \times 2 \times 0.15$
$+ \cdots + 3 \times 3 \times 0.09 = 2.93$

이므로 $Cov(X, Y) = 2.93 - 1.8 \times 1.45 = 0.32$이다.

(4) 두 확률변수 X와 Y의 상관계수는 다음과 같다.

$$\rho_{XY} \equiv \frac{Cov(X, Y)}{\sigma_X \ \sigma_Y} = \frac{0.32}{\sqrt{0.62}\sqrt{0.6875}} = 0.49$$

03장 연습문제

01 동전을 세 번 던져 윗면을 관찰하는 실험에서 앞면의 수를 X라고 하고 뒷면의 수를 Y라고 할 때 대한 아래 물음에 답하여라.

(1) 위 실험의 표본공간은 무엇인가?

(2) 확률변수 X와 Y의 결합확률분포를 구하여라.

(3) 확률변수 X와 Y의 주변확률분포를 구하여라.

(4) 두 확률변수 X와 Y가 서로 독립이라고 할 수 있는가? 그 이유는 무엇인가?

(5) 두 변수 X와 Y의 공분산 $Cov(X, Y)$를 구하여라.

(6) 두 확률변수 X와 Y의 상관계수 ρ_{XY}를 구하여라.

02 두 확률변수 X와 Y의 결합확률분포가 다음과 같다. 아래 물음에 답하여라.

y \ x	0	1	2	$P(Y=y)$
0	0.04	0.08	0.08	
1	0.10	0.15	0.20	
2	0.06	0.07	0.22	
$P(X=x)$				

(1) X와 주변확률분포를 구하여라.

(2) Y의 주변확률분포를 구하여라.

(3) X의 기댓값과 분산을 구하여라.

(4) Y의 기댓값과 분산을 구하여라.

(5) X와 Y가 서로 독립이라고 할 수 있는가?

(6) X와 Y의 공분산 $Cov(X, Y)$를 구하여라.

(7) 확률변수 X와 Y의 상관계수 ρ_{XY}를 구하여라.

04장

이산확률분포

4.1 이항분포

주사위를 3회 던지는 실험에서 윗면의 눈의 수가 5 이상인 횟수를 X라고 하자. 각 실험에서 윗면의 눈의 수가 5 이상이면 성공(s), 5 미만이면 실패(f)라고 하고 성공의 확률을 p, 실패의 확률을 $1-p$라고 하면 실험결과의 가능한 모든 경우에 대한 X의 값 x와 그 경우의 확률은 다음과 같다.

실험결과 1회 2회 3회	x	확률
s s s	3	p^3
s s f	2	$p^2(1-p)$
s f s	2	$p^2(1-p)$
f s s	2	$p^2(1-p)$
s f f	1	$p(1-p)^2$
f s f	1	$p(1-p)^2$
f f s	1	$p(1-p)^2$
f f f	0	$(1-p)^3$
합		1

위 표에서 3회 시행에서 s가 나온 횟수를 k라고 하면

$$k\text{가 3인 경우의 수는 } \binom{3}{3}=1,$$

$$k\text{가 2인 경우의 수는 } \binom{3}{2}=3$$

$$k\text{가 1인 경우의 수는 } \binom{3}{1}=3,$$

$$k\text{가 0인 경우의 수는 } \binom{3}{0}=1$$

이다. 따라서 X의 확률분포는 다음과 같이 나타낼 수 있다.

$$P(X=3)=p^3=\binom{3}{3}p^3(1-p)^{3-3}$$

$$P(X=2)=3p^2(1-p)=\binom{3}{2}p^2(1-p)^{3-2}$$

$$P(X=1)=3p(1-p)^2=\binom{3}{1}p^1(1-p)^{3-1}$$

$$P(X=0)=(1-p)^3=\binom{3}{0}p^0(1-p)^{3-0}$$

위 실험을 확장하여 n회 던지는 실험에서 성공의 횟수를 X라고 하면 $X=x$일 확률은 다음과 같이 나타낼 수 있다.

$$P(X=x)=\binom{n}{x}p^x(1-p)^{n-x}, x=0,1,\cdots,n$$

위 실험에서 매회 시행에서 윗면의 눈의 수가 5 이상이면 성공, 5 미만이면 실패라고 하면 가능한 결과가 성공과 실패 두 가지뿐인 베르누이 시행으로 볼 수 있다. 그리고 매 회 시행은 서로 영향을 받지 않는 독립적 시행으로 볼 수 있다.

위 실험과 같이 성공의 확률이 p인 베르누이 시행을 n번 독립적으로 시행할 때 일어난 성공의 횟수를 X라고 하면 X는 성공의 확률이 p이고 시행횟수가 n인 **이항분포**(binomial distribution)를 따른다. 이것을 $X\sim B(n,p)$로 나타내기로 하자. $X\sim B(n,p)$일 때 X의 **확률질량함수** $p(x)=P(X=x)$는 다음과 같다.

$$p(x)=\binom{n}{x}p^x(1-p)^{n-x}, \quad x=0,1,\cdots,n$$

여기서 $n=$ 표본의 크기(시행 횟수)

$x=$ n번 시행 중에 일어난 성공의 횟수

$p=$ 매 시행의 성공의 확률

$\binom{n}{x}=\dfrac{n!}{x!(n-x)!}$,

$x!=x(x-1)(x-2)\cdots(1);\ 0!=1$

예제 4.1

주사위를 5회 던지는 실험에서 윗면의 눈의 수가 5 이상인 횟수를 X라고 하자.

(1) 확률변수 X는 무슨 분포를 따르는가?

(2) 확률변수 X의 확률질량함수 $p(x)$의 값과 분포함수 $F(x)$의 값을 구하여라.

(3) 확률 $P(X=2)$ 는 얼마인가?

(4) 확률 $P(X \geq 2)$ 는 얼마인가?

풀이

(1) 윗면의 눈의 수가 5 이상일 확률은 $1/3$이므로 X는 성공의 확률이 $1/3$인 베르누이 시행을 5번 독립적으로 시행할 때 일어난 성공의 횟수라고 할 수 있다. 따라서 확률변수 X는 시행횟수가 5이고 성공의 확률이 $1/3$인 이항분포 $B(5,1/3)$를 따른다.

(2) $B(5,1/3)$의 확률질량함수는

$$p(x) = \binom{5}{x} \left(\frac{1}{3}\right)^x \left(\frac{2}{3}\right)^{(5-x)}, \quad x = 0, 1, \cdots, 5$$

이다. $x=0$일 때 확률질량함수 $p(x)$는

$$p(0) = \binom{5}{0} \left(\frac{1}{3}\right)^0 \left(\frac{2}{3}\right)^5 = \frac{5!}{0!5!} \left(\frac{2}{3}\right)^5 = 0.1317$$

이다. 가능한 모든 x에 대하여 같은 방법으로 계산하여 정리하면 다음과 같다.

〈표 4.1〉 이항분포 $B(5,\frac{1}{3})$의 누적분포함수

x	$p(x)=P(X=x)$	$F(x)=P(X \leq x)$
0	0.1317	0.1317
1	0.3292	0.4609
2	0.3292	0.7901
3	0.1646	0.9547
4	0.0412	0.9959
5	0.0041	1.0000

다양한 n과 p의 이항분포 $B(n,p)$에서 가능한 모든 값 x에 대한 누적분포함수의 값을 정리한 표가 이항분포표이다.

(3) 표 4.1의 누적분포함수의 값을 이용하면

$$\begin{aligned} P(X=2) &= P(X \le 2) - P(X < 2) \\ &= P(X \le 2) - P(X \le 1) \\ &= F(2) - F(1) = 0.7901 - 0.4609 = 0.3292 \end{aligned}$$

이다.

(4) 이항분포표를 이용하여 $P(X \ge x)$을 계산하려면 여사상 $(X < x)$의 확률을 이용하여 다음과 같이 계산한다.

$$\begin{aligned} P(X \ge 2) &= 1 - P(X < 2) \\ &= 1 - P(X \le 1) \\ &= 1 - F(1) = 1 - 0.4609 = 0.5391 \end{aligned}$$

R 실습

사용형식

- dbinom(x, size, prob): 이항분포 B(size, prob)의 확률을 계산하는 함수
- pbinom(q, size, prob, lower.tail=TRUE): 이항분포 B(n, p)의 누적확률을 계산하는 함수

이항분포의 확률계산

```
> dbinom(0:5, size=5, prob=1/3)    # 예제 4.1(2)
[1] 0.131687243 0.329218107 0.329218107 0.164609053 0.041152263 0.004115226
> pbinom(0:5, size=5, prob=1/3)    # 예제 4.1(2)
[1] 0.1316872 0.4609053 0.7901235 0.9547325 0.9958848 1.0000000
> dbinom(2, size=5, prob=1/3)      # 예제 4.1(3)
[1] 0.3292181
> 1-pbinom(1, size=5, prob=1/3)    # 예제 4.1(4)
[1] 0.5390947
```

예제 4.2

확률변수의 기댓값과 분산의 정의에 따라 예제 4.1의 이항분포 $B(5,1/3)$을 따르는 확률변수 X의 기댓값과 분산을 구하여라.

풀이

확률변수의 기댓값과 분산의 정의 $E(X)=\sum_{x=0}^{5} xp(x)$와 $V(X)=\sum_{x=0}^{5} x^2p(x)-\mu^2$을 이용한 계산을 위하여 아래와 같은 표를 작성하여 $\sum_{x=0}^{5} xp(x)$와 $\sum_{x=0}^{5} x^2p(x)$를 계산한다.

〈표 4.2〉 $E(X)$와 $E(X^2)$의 계산

x	$p(x)$	$xp(x)$	$x^2p(x)$
0	0.1317	0.00000	0.00000
1	0.3292	0.32922	0.32922
2	0.3292	0.65844	1.31687
3	0.1646	0.49383	1.48148
4	0.0412	0.16461	0.65844
5	0.0041	0.02058	0.10288
합	1.0000	1.66667	3.88889

따라서 X의 기댓값과 분산

$$E(X)=\sum_{x=0}^{5} xp(x)=1.66667=5\times\frac{1}{3}=np\,,$$

$$\begin{aligned}V(X)&=\sum_{x=0}^{5} x^2p(x)-\mu^2\\&=3.88889-(\frac{5}{3})^2\\&=3.88889-2.77778=1.11111=5\times\frac{1}{3}\times\frac{2}{3}=np(1-p)\end{aligned}$$

임을 알 수 있다.

예제 4.2로부터 $X \sim B(n,p)$일 때 X의 기댓값과 분산과 표준편차가 다음과 같이 되는 것을 알 수 있다.

$$E(X)=np, \quad V(X)=np(1-p), \quad SD(X)=\sqrt{np(1-p)}$$

R 실습

이항분포의 평균과 분산

```
> n <- 5 ; p <- 1/3
> mean=n*p
> var=n*p*(1-p)
> c(mean, var)
[1] 1.666667 1.111111
```

4.2 포아송분포

이산확률분포 중에 일정기간 동안 일어나는 사고건수, 페이지당 오타수, 일정면적당 결점수 등과 같이 일정기간 혹은 일정 면적당 드물게 나타나는 현상의 확률모형으로 **포아송분포**(Poisson distribution)가 자주 이용된다.

일정기간 동안 평균 m회 발생하는 사건이 일정기간 동안에 일어나는 횟수를 X라고 하면 확률변수 X는 평균이 m인 포아송분포를 따른다. 그리고 X의 확률질량함수 $p(x)$는 다음과 같다.

$$P(X=x)=p(x)=\frac{m^x e^{-m}}{x!}, \; x=0,1,2,\cdots,\infty$$

예제 4.3

평균이 m인 포아송분포를 따르는 X의 기댓값과 분산을 구하여라.

풀이

$\sum_{x=0}^{\infty}(m^x/x!)=e^m$ 이므로 X의 기댓값

$$E(X)=\sum_{x=0}^{\infty}x\frac{m^x e^{-m}}{x!}=m\sum_{x=1}^{\infty}\frac{m^{(x-1)}e^{-m}}{(x-1)!}=m\sum_{y=0}^{\infty}\frac{m^y e^{-m}}{y!}=me^{-m}e^m=m$$

이다. X의 분산 $V(X)$를 구하기 위하여 먼저 $E(X^2)$을 아래와 같이 구한다.

$$\begin{aligned}E(X^2)-E(X)=E(X(X-1))&=\sum_{x=0}^{\infty}x(x-1)\frac{m^x e^{-m}}{x!}=\sum_{x=2}^{\infty}m^2e^{-m}\frac{m^{(x-2)}}{(x-2)!}\\&=m^2e^{-m}\sum_{y=0}^{\infty}\frac{m^y}{y!}=m^2e^{-m}e^m=m^2\end{aligned}$$

이다. 그러므로 $E(X^2)=m^2+m$ 이다. 따라서

$$V(X)=E(X^2)-m^2=m^2+m-m^2=m$$

이다. 포아송분포는 평균과 분산이 같은 분포임을 알 수 있다.

예제 4.4

어느 지역 월간 멧돼지 출현 횟수 X가 평균이 2.3인 포아송분포를 따른다고 할 때 아래 물음에 답하여라.

(1) 이 지역에 월간 멧돼지 출현 횟수 X의 확률질량함수의 값과 누적분포함수의 값을 구하여라.

(2) 이 지역에 월간 멧돼지 출현 횟수 X의 표준편차는 얼마인가?

(3) 이 지역에 월간 멧돼지 출현 횟수가 0회일 확률은 얼마인가?

(4) 이 지역에 월간 멧돼지 출현 횟수가 5회 이상일 확률은 얼마인가?

풀이

(1) 평균이 2.3인 포아송분포의 확률질량함수

$$p(x) = \frac{(2.3)^x e^{-2.3}}{x!}, \ x = 0, 1, 2, \cdots, \infty$$

이다. $x = 0$일 때 확률질량함수 $p(x)$의 값은

$$p(0) = \frac{2.3^0 e^{-2.3}}{0!} = 0.1003$$

이다. 가능한 모든 x에 대하여 같은 방법으로 계산하여 정리하면 다음과 같다.

〈표 4.3〉 평균이 2.3인 포아송분포의 누적분포함수

x	$p(x) = P(X = x)$	$F(x) = P(X \le x)$
0	0.100259	0.10026
1	0.230595	0.33085
2	0.265185	0.59604
3	0.203308	0.79935
4	0.116902	0.91625
5	0.053775	0.97002
6	0.020614	0.99064
7	0.006773	0.99741
8	0.001947	0.99936
9	0.000498	0.99986
10	0.000114	0.99997
11	0.000024	0.99999
12	0.000005	1.00000

다양한 평균의 포아송분포의 가능한 값 x에 대한 누적분포함수의 값을 정리한 표가 포아송분포표이다.

(2) 평균이 2.3인 포아송분포를 따르는 X의 분산은 2.3이다. 따라서 X의 표준편차는

$$SD(X) = \sqrt{2.3} = 1.51658$$

이다.

(3) 이 지역에 월간 멧돼지 출현 횟수가 0회일 확률은

$$P(X=0)=P(X\leq 0)=F(0)=0.10026$$

이다.

(4) 이 지역에 월간 멧돼지 출현 횟수가 5회 이상일 확률은

$$P(X\geq 5)=1-P(X<5)=1-P(X\leq 4)=1-F(4)=1-0.91625=0.08375$$

이다.

R 실습

사용형식:

- dpois(x, lambda): 모수가 lambda인 포아송분포의 확률을 계산하는 함수
- ppois(q, lambda, lower.tail=TRUE): 모수가 lambda인 포아송분포의 누적확률을 계산하는 함수

포아송분포의 확률계산

```
> dpois(0:11, lambda=2.3)
 [1] 1.002588e-01 2.305953e-01 2.651846e-01 2.033082e-01 1.169022e-01 5.377503e-02
 [7] 2.061376e-02 6.773093e-03 1.947264e-03 4.976342e-04 1.144559e-04 2.393168e-05
> ppois(0:11, lambda=2.3)
 [1] 0.1002588 0.3308542 0.5960388 0.7993471 0.9162493 0.9700243 0.9906381 0.9974112
        0.9993584
[10] 0.9998561 0.9999705 0.9999944
> standardDeviation=sqrt(2.3); standardDeviation
[1] 1.516575
> dpois(0, lambda=2.3)
[1] 0.1002588
> 1-ppois(4, lambda=2.3)
[1] 0.08375072
```

04장 연습문제

01 확률변수 X가 $B(10, 0.4)$를 따른다고 한다. 다음 물음에 답하여라.

(1) $P(X=0)$은 얼마인가?

(2) $P(2 \le X \le 4)$은 얼마인가?

02 확률변수 X가 평균이 3.5인 포아송분포를 따른다고 한다. 다음 물음에 답하여라.

(1) $P(X=2)$은 얼마인가?

(2) $P(3 \le X \le 5)$은 얼마인가?

03 어느 보험사 콜센터에 시간당 걸려오는 전화 횟수는 평균 60회 정도라고 한다. 아래 물음에 답하여라.

(1) 이 회사 콜센터에 분당 걸려오는 전화 횟수를 Y라고 하면 Y의 분포는 무엇이라고 할 수 있는가?

(2) 이 회사 콜센터에 분당 걸려오는 전화 횟수가 0일 확률은 얼마인가?

(3) 이 회사 콜센터에 분당 걸려오는 전화 횟수가 5회 이상일 확률은 얼마인가?

04 윗면이 앞면이 될 확률이나 뒷면이 될 확률이 1/2로 동일한 윷으로 윷놀이를 한다고 가정하고 아래 물음에 답하여라.

(1) 윗면이 앞면인 윷의 수를 X라고 하면 X는 무슨 분포를 따른다고 할 수 있는가?

(2) 도, 개, 걸, 윷, 모가 나올 확률을 구하여라.

05장

연속확률분포

5.1 정규분포

이산확률변수는 확률변수가 취할 수 있는 모든 값을 셀 수 있는 경우이다. 그리고 확률변수가 이 모든 셀 수 있는 값에서 확률을 갖는 확률분포가 이산확률분포이다. 그러나 지역별 강수량이나 키와 몸무게 그리고 전구의 수명 등과 같이 변수의 가능한 값이 셀 수 없이 많은 연속확률변수의 경우는 특정 구간에서 확률을 갖는 구조로 확률분포를 표현한다. 연속확률변수의 값이 특정구간에 속할 확률은 확률변수의 확률밀도함수를 이용하여 나타낸다. 이 장에서는 대표적인 연속확률분포인 정규분포에 대하여 살펴보기로 하자.

정규분포(normal distribution)의 확률밀도함수는 종을 엎어놓은 모양의 곡선이다. 정규분포의 평균 μ는 분포의 중심을 나타내고 표준편차 σ는 분포의 퍼짐 정도를 나타낸다. 정규분포는 μ에 대하여 대칭이기 때문에 평균의 왼쪽 부분의 면적이나 오른쪽 부분의 면적은 같으며 각각 1/2이다. 정규분포의 좌우 꼬리부분은 각각 무한대까지 뻗어있으며 평균에서 3σ를 벗어난 부분의 면적은 거의 0이다. 이처럼 정규분포는 평균 μ와 표준편차 σ에 의해 분포의 모양이 결정된다. 이와 같이 확률분포의 특성을 나타내는 수치를 확률분포의 모수라고 한다. 당연히 정규분포는 평균 μ와 표준편차 σ가 모수이다. 확률변수 X가 평균이 μ이고 분산이 σ^2인 정규분포를 따를 때 $X \sim N(\mu, \sigma^2)$로 나타내고 이때 X의 확률밀도함수 $f(x)$는 다음과 같다.

$$f(x) = \frac{1}{\sigma\sqrt{2\pi}} e^{-\frac{(x-\mu)^2}{2\sigma^2}}, \quad -\infty < x < \infty$$

정규분포의 확률밀도함수의 그래프인 정규곡선은 평균 μ를 중심으로 대칭이며 구간 $(\mu-\sigma, \mu+\sigma)$ 내의 정규곡선 아래 부분의 면적은 약 0.683이고, 구간 $(\mu-2\sigma, \mu+2\sigma)$ 내의 정규곡선 아래 부분의 면적은 약 0.954이며, 구간 $(\mu-3\sigma, \mu+3\sigma)$ 내의 정규곡선 아래 부분의 면적은 약 0.997이다. 즉 $X \sim N(\mu, \sigma^2)$일 때,

$$P(\mu-\sigma \le X \le \mu+\sigma) = 0.683,$$
$$P(\mu-2\sigma \le X \le \mu+2\sigma) = 0.954,$$
$$P(\mu-3\sigma \le X \le \mu+3\sigma) = 0.997$$

임을 알 수 있다.

예제 5.1

정규분포 $N(0,1)$, $N(0,2^2)$, $N(1,1)$의 확률밀도함수의 그래프를 작성하고 평균이 같고 분산이 다른 두 정규분포와 분산이 같고 평균이 다른 두 정규분포를 비교하여라.

풀이

먼저 x축을 (-7,7) 구간을 0.1 간격으로 나누고 각 점에서 정규분포 각각에 대하여 확률밀도함수의 값을 구하여 그래프로 나타내면 그림 5.1과 같은 그래프를 작성할 수 있다.

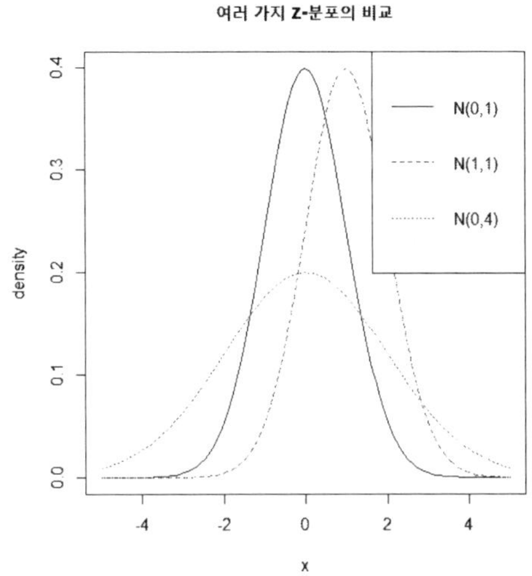

〈그림 5.1〉 평균과 표준편차가 다른 정규곡선의 비교

평균이 같고 분산이 다른 두 정규분포 $N(0,1)$와 $N(0,2^2)$의 확률분포는 평균인 0을 중심으로 대칭이나 분산이 2^2인 분포가 1인 분포보다 더 넓게 퍼져 있음을 볼 수 있다. 분산이 같고 평균이 다른 두 정규분포 $N(1,1)$와 $N(0,1)$의 확률분포는 분포의 형태는 동일하나 위치가 다름을 볼 수 있다.

R 실습

사용형식

- dnorm(x, mean=0, sd=1): 평균이 mean이고 표준편차가 sd인 정규분포의 확률밀도함수를 그리는 함수(기본값은 mean=0, sd=1)
- pnorm(q, mean=0, sd=1, lower.tail=TRUE): 평균이 mean이고 표준편차가 sd인 정규분포의 누적확률을 구하는 함수(기본값은 lower.tail=TRUE)
- qnorm(p, mean=0, sd=1, lower.tail=TRUE): 평균이 mean이고 표준편차가 sd인 정규분포의 분위수를 계산하는 함수(기본값은 lower.tail=TRUE)

여러 가지 정규분포의 비교

```
> plot(dnorm, -5, 5, col="black", lty=1, ylab="density",
+     main="여러 가지 z-분포의 비교")
> plot(function(x) dnorm(x, 1, 1),-5, 5, col="red", lty=2, add=TRUE)
> plot(function(x) dnorm(x, 0, 2),-5, 5, col="blue",lty=3, add=TRUE)
> legend("topright",c("N(0,1)", "N(1,1)", "N(0,4)"), lty=c(1,2,3),
+        col=c("black", "red", "blue"))
```

정규분포를 따르는 확률변수가 어떤 구간에 포함될 확률계산을 위하여 그 구간의 정규곡선 아래 부분의 면적을 계산하면 된다. 이때 계산이 쉽지 않아 각 구간의 면적을 미리 계산하여 표를 작성해 두면 편리할 것이다. 그러나 평균 μ와 분산 σ^2이 서로 다른 수많은 정규분포에 대하여 각각 구간의 면적을 모두 표로 작성하는 일은 불가능하기 때문에, 평균이 0이고 분산이 1인 **표준정규분포**(standard normal distribution)에 대하여 각 구간의 면적을 구하여 만든 정규분포표를 이용해 평균이 μ이고 분산이 σ^2인 일반적인 정규분포의 확률을 계산한다.

확률변수 X가 정규분포 $N(\mu, \sigma^2)$를 따를 때, 확률변수X의 표준화 변환은 다음과 같다.

$$Z = \frac{X-\mu}{\sigma}$$

변환된 변수 Z는 평균이 0이고 분산이 1인 표준정규분포를 따른다. 이 변환을 이용하면 확률변수 X에 관한 확률은 표준정규분포를 이용하여 다음과 같이 계산할 수 있다.

$$P(a < X \le b) = P(\frac{a-\mu}{\sigma} < \frac{X-\mu}{\sigma} \le \frac{b-\mu}{\sigma})$$

$$= P(\frac{a-\mu}{\sigma} < Z \le \frac{b-\mu}{\sigma})$$

예제 5.2

부록의 표준정규분포표를 이용하여 $X \sim N(100, 10^2)$일 때 다음 확률을 구하여라.
(1) $P(X \le 120)$ (2) $P(80 \le X \le 130)$

풀이

(1) 확률변수 X를 표준화하여 표준정규분포를 따르는 확률변수 Z로 변환한다. 따라서

$$P(X \le 120) = P(\frac{X-100}{10} \le \frac{120-100}{10}) = P(Z \le 2)$$

이다. 그리고 사상 $(Z \le 2)$의 확률은 여사상에 대한 확률의 법칙과 연속확률변수의 성질에 의하여 $1-P(Z>2) = 1-P(Z \ge 2)$이므로 다음과 같다.

$$P(X \le 120) = 1 - P(Z \ge 2) = 1 - 0.0228 = 0.9772$$

(2) 확률변수 X를 표준화하면

$$P(70 \le X \le 145) = P(-2 \le Z \le 3) = P(Z \le 3) - P(Z \le -2)$$

이고 표준정규분포는 0에 대하여 대칭이므로 $P(Z \le -2) = P(Z \ge 2)$이다. 따라서

$$P(70 \le X \le 145) = (1 - P(Z \ge 3)) - P(Z \ge 2) = 1 - 0.0013 - 0.0228 = 0.9759$$

이다.

R 실습

정규분포의 누적확률 계산

```
> pnorm(120, mean=100, sd=10)
[1] 0.9772499
> pnorm(130, mean=100, sd=10) - pnorm(80, mean=100, sd=10)
[1] 0.9759
```

$Z \sim N(0,1)$ 일 때 $P(Z \geq z) = \alpha$를 만족하는 z를 z_α라고 하면 $P(Z \leq z_\alpha) = 1-\alpha$ 이므로 z_α는 표준정규분포의 $100(1-\alpha)$백분위수이다.

$P(Z \leq z_\alpha) = 1-\alpha$ 이므로 표준정규분포의 분포함수를 $F(z)$라고 하면

$$F(z_\alpha) = 1-\alpha$$

이다. 이것은 역으로 분포함수 $F(z)$의 값이 $1-\alpha$일 때 z의 값이 z_α가 된다.

예제 5.3

부록의 표준정규분포표를 이용하여 $z_{0.05}$, $z_{0.025}$, $z_{0.005}$는 각각 얼마인가?

풀이

부록의 표 1에서 $P(Z \geq z_{0.025}) = 0.025$를 만족하는 $z_{0.025}$는 1.96임을 알 수 있다. 그러나 $z_{0.05}$와 $z_{0.005}$는 표에서 바로 읽을 수는 없고 인접한 값을 읽어 다음과 같이 보간법으로 구할 수 있다.

$$P(Z \geq 1.64) = 0.0505$$
$$P(Z \geq z_{0.05}) = 0.0500$$
$$P(Z \geq 1.65) = 0.0495$$

이므로 보간법으로

$$(1.65-1.64):(0.0495-0.0505) = (1.65-z_{0.05}):(0.0495-0.0500)$$

이다. 따라서

$$(1.65-z_{0.05})(0.0495-0.0505) = (1.65-1.64)(0.0495-0.0500)$$
$$(1.65-z_{0.05}) = \frac{(1.65-1.64)(0.0495-0.0500)}{(0.0495-0.0505)}$$
$$= 0.005$$

이다. 즉, $z_{0.05} = 1.65 - 0.005 = 1.645$이다. 같은 방법으로 $z_{0.005}$의 값도 구해보면 2.576이다.

$z_{0.05}$	$z_{0.025}$	$z_{0.005}$
1.645	1.96	2.576

R 실습

정규분포의 분위수 계산

```
> qnorm(0.05, mean=0, sd=1, lower.tail=FALSE)
[1] 1.644854
> qnorm(0.025, mean=0, sd=1, lower.tail=FALSE)
[1] 1.959964
> qnorm(0.005, mean=0, sd=1, lower.tail=FALSE)
[1] 2.575829
```

5.2 이항분포의 정규근사

$X \sim B(n,p)$일 때 $P(a \le X \le b)$은 다음과 같이 계산할 수 있다.

$$P(a \le X \le b) = \sum_{x=a}^{b} \binom{n}{x} p^x (1-p)^{n-x}$$

이항분포의 확률질량함수를 이용하는 경우 n이 크면 계산이 쉽지 않다. 그러나 $np > 5$이고 $n(1-p) > 5$ 이면 확률변수 X는 근사적으로 정규분포 $N(np, np(1-p))$를 따른다는 사실을 이용하여 확률의 근삿값을 구할 수 있다. 이 경우 이산확률분포의 확률의 근삿값을 연속확률분포의 확률을 이용하여 구하기 때문에 다음과 같은 수정이 필요하다.

$$P(a \le X \le b) \simeq P(a - 0.5 \le Y \le b + 0.5)$$

여기서 $Y \sim N(np, np(1-p))$이다. 이러한 수정을 연속성수정이라고 한다.

예제 5.4

$X \sim B(10, 1/2)$ 일 때 아래 물음에 답하여라.

(1) 이항분포 $B(10, 1/2)$를 이용하여 $P(4 \le X \le 6)$를 구하여라.

(2) X의 근사분포 $N(5, 2.5)$를 이용하여 $P(4 \le X \le 6)$를 구하여라.

(3) X의 근사분포 $N(5, 2.5)$를 이용하여 $P(3.5 \le X \le 6.5)$를 구하여라.

풀이

(1) $X \sim B(n, p)$일 때 $P(X=x) = \binom{10}{x}(\frac{1}{2})^x(1-\frac{1}{2})^{10-x} = \binom{10}{x}(\frac{1}{2})^{10}$이므로

$$P(4 \le X \le 6) = \sum_{x=4}^{6} P(X=x) = \sum_{x=4}^{6}\binom{10}{x}(\frac{1}{2})^{10}$$
$$= 0.2051 + 0.2461 + 0.2051 = 0.6563$$

이다.

(2) 근사분포를 표준화 변환하면

$$P(4 \le X \le 6) \simeq P(\frac{4-5}{\sqrt{2.5}} \le Z \le \frac{6-5}{\sqrt{2.5}}) = P(-0.63 \le Z \le 0.63)$$

이고 $P(Z \le 0.63) = 0.7357$이고 $P(Z \le -0.63) = 0.2643$이므로

$$P(4 \le X \le 6) \simeq 0.7357 - 0.2643 = 0.4714$$

이다.

(3) 근사분포를 표준화 변환하면

$$P(3.5 \le X \le 6.5) \simeq P(\frac{3.5-5}{\sqrt{2.5}} \le Z \le \frac{6.5-5}{\sqrt{2.5}}) = P(-0.95 \le Z \le 0.95)$$

이고 $P(Z \le 0.95) = 0.8289$이고 $P(Z \le -0.95) = 0.1711$이므로

$$P(4 \le X \le 6) \simeq 0.8289 - 0.1711 = 0.6578$$

이다.

R 실습

이항분포의 정규분포 근사

```
> sum(dbinom(4:6, size=10, prob=0.5))
[1] 0.65625
> pnorm(6, mean=10*0.5, sd=sqrt(10*0.5*0.5)) -
+                pnorm(4, mean=10*0.5, sd=sqrt(10*0.5*0.5))
[1] 0.4729107
> pnorm(6.5, mean=10*0.5, sd=sqrt(10*0.5*0.5)) -
+                pnorm(3.5, mean=10*0.5, sd=sqrt(10*0.5*0.5))
[1] 0.6572183
```

05장 연습문제

01 $X \sim N(5, 2^2)$일 때 다음 확률을 계산하여라.

(1) $P(X > 9)$

(2) $P(X \geq 3)$

(3) $P(1 < X < 6)$

02 $X \sim N(0, 1)$일 때 다음 물음에 답하여라.

(1) $P(X \geq x_1) = 0.001$을 만족하는 x_1은 얼마인가?

(2) $P(X \geq x_2) = 0.01$을 만족하는 x_2는 얼마인가?

(3) $P(X \geq x_3) = 0.1$을 만족하는 x_3는 얼마인가?

03 어느 공연 기획사는 매년 A 가수의 공연 입장권을 인터넷 예약으로만 판매한다. 예약한 사람 중에 10%가 실제로 입장권을 구매하지 않거나 예약을 최소한다고 한다. 빈자리 발생으로 인한 손실을 줄이기 위해 1200석 공연장의 입장권 예약을 1300건 접수하였다. 다음 물음에 답하여라.

(1) 예약을 한 사람 중에 입장권 구매한 사람의 수를 X라고 하면 X의 분포는 무엇인가?

(2) 예약을 하고 공연을 보기 위하여 공연장에 나온 사람들이 모두 자리에 앉을 수 있을 확률은 얼마인가?

06장

표본분포

6.1 표본평균의 표본분포

표본조사의 목적은 모집단에서 추출한 표본을 이용하여 모집단 특성을 규명하는 것이다. 여기서 모집단 특성은 다양하게 나타낼 수 있지만 주로 모집단의 평균이나 비율 혹은 분산 등과 같이 수치로 나타내는 경우가 많다. 이러한 모집단 특성을 나타내는 수치를 **모수**(population parameter)라고 한다.

통계적 방법은 표본의 정보로부터 미지의 모수에 대한 정보를 얻는다. 모집단의 특성에 대응되는 표본의 특성을 이용하여 모수에 대한 추론을 할 수 있다. 예를 들면 모집단 평균에 대한 추론은 표본평균을 이용하고 모집단 분산에 대한 추론은 표본분산을 이용한다. 여기서 모수의 추론에 이용되는 표본평균이나 표본분산과 같이 표본자료가 주어지면 그 값을 계산할 수 있는 표본의 특성을 **통계량**(statistic)이라고 한다.

모집단에서 크기가 n인 표본을 반복해서 추출한다면 표본마다 통계량의 값을 관측할 수 있다. 추출 가능한 모든 표본에서 관측되는 통계량의 값들의 분포를 통계량의 **표본분포**(sampling distribution)라고 한다. 다음 예제에서 표본평균의 표본분포를 보기로 하자.

예제 6.1

0, 2, 4 세 개의 숫자가 동일한 비율로 채워진 무한모집단이 있다고 하자. 이 모집단으로부터 크기 $n=2$인 표본 (X_1, X_2)를 추출한다고 하자. 이때 표본평균 $\overline{X}=(X_1+X_2)/2$의 확률분포를 구하여라.

풀이

가능한 표본 (x_1, x_2)과 그것이 표본으로 추출될 확률과 그 표본의 표본평균은 다음과 같다.

가능한 표본 (x_1, x_2)	표본(x_1, x_2)이 추출될 확률	표본평균 $\overline{x}$
0, 0	1/9	0.0
0, 2	1/9	1.0
0, 4	1/9	2.0
2, 0	1/9	1.0
2, 2	1/9	2.0

2, 4	1/9	3.0
4, 0	1/9	2.0
4, 2	1/9	3.0
4, 4	1/9	4.0

따라서 표본평균 $\overline{X}$의 확률분포는 다음과 같다.

$\overline{x}$	0.0	1.0	2.0	3.0	4.0
$p(\overline{x})=P(\overline{X}=\overline{x})$	1/9	2/9	3/9	2/9	1/9

예제 6.1에서 구한 표본평균 $\overline{X}$의 확률분포는 추출되는 표본에 따라 $\overline{X}$의 서로 다른 값이 이루는 분포이므로 $\overline{X}$의 표본분포라 한다.

예제 6.1에서 표본평균의 기댓값과 분산이 모집단 평균과 분산과 어떤 관계인가를 살펴보기로 하자. 모집단의 확률분포는 다음과 같다.

x	$p(x)$	$xp(x)$	$x^2p(x)$
0	1/3	0	0
2	1/3	2/3	4/3
4	1/3	4/3	16/3
합	$\sum_{\text{모든}x} p(x)=1$	$\sum_{\text{모든}x} x\,p(x)=\frac{6}{3}=2$	$\sum_{\text{모든}x} x^2\,p(x)=\frac{20}{3}$

그러므로 모집단의 평균 μ와 분산 σ^2은

$$\mu=\sum_{\text{모든}x} x\,p(x)=\frac{6}{3}=2$$

$$\sigma^2=\sum_{\text{모든}x} x^2\,p(x)-\mu^2$$

$$=\frac{60}{9}-\frac{36}{9}=\frac{24}{9}=\frac{8}{3}$$

이다.

표본평균 $\overline{X}$의 기댓값 $E(\overline{X})$와 분산 $V(\overline{X})$은

$$E(\overline{X}) = \sum_{\text{모든 } \overline{x}} \overline{x}\ p(\overline{x}) = \frac{18}{9} = 2 = \mu$$

$$V(\overline{X}) = E(\overline{X})^2 - \mu^2 = \sum (\overline{x})^2 p(\overline{x}) - 2^2 = \frac{48}{9} - \frac{36}{9} = \frac{12}{9} = \frac{24}{9}/2 = \sigma^2/n$$

이다. 예제 6.1에서 표본평균 $\overline{X}$의 기댓값 $E(\overline{X})$와 분산 $V(\overline{X})$은 다음과 같게 됨을 볼 수 있다.

$$E(\overline{X}) = \mu,\ \ V(\overline{X}) = \frac{\sigma^2}{n}$$

이 사실은 평균 μ와 분산 σ^2인 무한모집단의 경우에 성립되는 표본평균의 표본분포의 중요한 성질이다. 평균 μ와 분산 σ^2이고 크기가 N인 유한모집단의 경우에는 비복원으로 추출하는 크기 n인 랜덤표본의 표본평균 $\overline{X}$의 기댓값 $E(\overline{X})$와 분산 $V(\overline{X})$은

$$E(\overline{X}) = \mu,\ \ V(\overline{X}) = \frac{N-n}{N-1}\frac{\sigma^2}{n}$$

이다. 이 경우에도 복원추출이면 무한모집단의 경우와 같다. 표본평균 $\overline{X}$의 기댓값 $E(\overline{X})$와 분산 $V(\overline{X})$에 대하여 알아보았다. 일반적인 경우에 모집단이 정규분포인 경우는 표본평균도 정규분포이다. 그러므로 모집단의 분포가 정규분포 $N(\mu, \sigma^2)$이면 표본평균 $\overline{X}$의 분포는 $N(\mu, \sigma^2/n)$이다. 그러나 모집단의 분포가 정규분포가 아닌 경우에는 표본평균의 분포는 어떻게 될까? 이 의문의 답을 6.2절에서 찾아보기로 하자.

6.2 중심극한정리

평균이 μ이고 분산이 σ^2인 무한모집단에서 추출한 크기 n인 랜덤표본의 표본평균 $\overline{X}$의 분포는 표본의 크기 n이 충분히 크면 근사적으로 $N(\mu,\ \sigma^2/n)$를 따른다. 이를 **중심극한정리**라고 한다. 이 정리에 의하면 표본의 크기가 충분히 크면

$$\frac{\overline{X}-\mu}{\sigma/\sqrt{n}}$$

은 근사적으로 표준정규분포 $N(0,1)$을 따른다. 그리고 대부분의 경우에 표본의 크기 n이 30 이상이면 근사정도가 만족할 만하다고 알려져 있다.

중심극한정리에 의하면 모집단이 어떤 분포를 하더라도 표본의 크기가 충분히 크면 표본평균은 근사적으로 정규분포를 따른다. 이 사실은 통계적 추론에 매우 중요한 이론적인 배경이 된다. 실제로 많은 경우에 모집단이 어떤 분포를 따르는지 모르지만 표본평균의 분포는 근사적으로 정규분포를 따른다고 할 수 있다.

6.3 t 분포

평균이 μ이고 분산이 σ^2인 정규분포인 모집단을 정규모집단이라고 하자. 정규모집단 $N(\mu,\ \sigma^2)$에서 추출한 크기 n인 랜덤표본을 $X_1, \cdots,\ X_n$이라 하면, 표본평균 $\overline{X}$과 표본분산 S^2은 각각 다음과 같이 정의된다.

$$\overline{X}=\frac{1}{n}\sum_{i=1}^{n}X_i$$

$$S^2=\frac{1}{n-1}\sum_{i=1}^{n}(X_i-\overline{X})^2$$

표본평균 $\overline{X}$는 평균이 μ이고 분산이 σ^2/n인 정규분포 $N(\mu, \sigma^2/n)$를 따르므로 $\overline{X}$의 표

준화 변환

$$\frac{\overline{X}-\mu}{\sigma/\sqrt{n}}$$

은 표준정규분포 $N(0,1)$을 따른다. 그러나 σ 대신 표본표준편차 S를 사용한

$$\frac{\overline{X}-\mu}{S/\sqrt{n}}$$

의 분포는 0에 대칭인 표준정규분포와 비슷하나 양쪽 꼬리부분이 더 두터운 모양을 한다. 이 분포를 자유도가 $n-1$인 t분포라고 한다. 확률변수 T의 분포가 자유도가 $n-1$인 t 분포일 때, $T\sim t(n-1)$로 나타내기로 하자.

t분포는 표준정규분포와 매우 비슷한 모양이나 양쪽 꼬리부분이 더 두텁고 표준정규분포와 마찬가지로 0에 대칭인 분포로 평균이 0이다. 그리고 자유도가 커지면 표준정규분포에 가까워진다.

자유도 n인 t분포의 $100(1-\alpha)$ 백분위수를 $t_\alpha(n)$라고 하자. 즉 $T\sim t(n)$일 때 $t_\alpha(n)$는 $P(T>t_\alpha(n))=\alpha$ 를 만족하는 상수이다. 부록의 표 2에는 자유도가 n인 t분포의 백분위수인 $t_\alpha(n)$의 값이 주어져 있다.

예제 6.2

정규모집단 $N(10,\ \sigma^2)$에서 추출한 크기 16인 랜덤표본의 표본평균과 표본분산을 각각 $\overline{X}$와 S^2이라고 할 때 다음과 같이 정의되는 확률변수

$$T=\frac{\overline{X}-10}{S/4}$$

에 대한 다음 물음에 답하여라.

(1) 확률변수 T는 어떤 분포를 따르는가?

(2) $P(T\geq t_1)=0.05$를 만족하는 t_1는 얼마인가?

(3) $P(T\geq t_2)=0.025$를 만족하는 t_2는 얼마인가?

(4) $P(T\geq t_3)=0.01$를 만족하는 t_3는 얼마인가?

풀이

(1) 확률변수 T는 자유도가 15인 t분포를 따른다. 즉, $T \sim t(15)$이다.

(2) 부록 표 2를 이용하면 $P(T \geq t_1) = 0.05$를 만족하는 $t_1 = t_{0.05}(15)$=1.753이다.

(3) $P(T \geq t_2) = 0.025$를 만족하는 $t_2 = t_{0.025}(15)$=2.131이다.

(4) $P(T \geq t_3) = 0.01$를 만족하는 $t_3 = t_{0.01}(15)$=2.602이다.

R 실습

사용형식

- pt(q, df, lower.tail=TRUE): 자유도가 df인 t분포의 누적확률을 계산하는 함수(기본값은 lower.tail=TRUE)
- qt(p, df, lower.tail=TRUE): 자유도가 df인 t분포의 분위수를 계산하는 함수(기본값은 lower.tail=TRUE)

t분포의 누적확률과 분위수계산

```
> qt(0.05, df=15, lower.tail=FALSE)
[1] 1.75305
> qt(0.025, df=15, lower.tail=FALSE)
[1] 2.13145
> qt(0.01, df=15, lower.tail=FALSE)
[1] 2.60248
```

6.4 표본비율의 표본분포

어느 특정 속성을 갖는 원소의 비율이 p인 무한모집단에서 크기 n인 랜덤표본을 $X_1, \cdots, X_n$이라고 하자. 모집단의 원소를 어느 특정 속성을 가지면 1, 그렇지 않으면 0으로 두면

$$X = \sum_{i=1}^{n} X_i$$

는 크기 n인 표본에서 특정 속성을 갖는 원소의 수이며 X를 표본의 크기 n으로 나누어 주면 표본비율 $\hat{p}$이 된다. 표본비율

$$\hat{p} = \frac{X}{n} = \frac{\sum_{i=1}^{n} X_i}{n}$$

는 랜덤표본 $X_1, \cdots, X_n$의 표본평균으로 볼 수도 있다. 그러므로 중심극한정리에 의해서 표본의 크기가 큰 경우 표본비율은 근사적으로 정규분포를 따른다고 할 수 있다. 그리고 X는 성공의 확률이 p인 베르누이 시행을 n번 독립적으로 시행할 때 일어난 성공의 횟수로 볼 수 있으므로 이항분포 $B(n, p)$를 따른다. 이 사실로부터 표본비율 $\hat{p} = X/n$의 기댓값과 분산은

$$E(\hat{p}) = \frac{E(X)}{n} = \frac{np}{n} = p$$

$$Var(\hat{p}) = \frac{Var(X)}{n^2} = \frac{np(1-p)}{n^2} = \frac{p(1-p)}{n}$$

이 됨을 알 수 있다. 따라서 표본크기 n이 충분히 클 경우($n\hat{p} \geq 5$이고 $n(1-\hat{p}) \geq 5$)

$$\frac{\hat{p} - p}{\sqrt{p(1-p)/n}}$$

은 근사적으로 표준정규분포 $N(0,1)$를 따른다. $\hat{p}$의 표준편차 $\sqrt{p(1-p)/n}$ 대신 추정량 $\sqrt{\hat{p}(1-\hat{p})/n}$을 사용한

$$\frac{\hat{p} - p}{\sqrt{\hat{p}(1-\hat{p})/n}}$$

또한 근사적으로 $N(0,1)$을 따른다.

예제 6.3

어느 시의 시장 선거에 출마한 L씨는 20만 유권자 중에 자신을 지지하는 유권자의 비율 p를 알기 위하여 유권자 중에 400명을 랜덤추출하여 조사하기로 하였다. 이 중에 지지하는

사람의 수를 X라고 할 때 다음 물음에 답하여라.

(1) X는 무슨 분포를 따른다고 할 수 있는가?

(2) 표본비율 $\hat{p}$을 X를 이용하여 나타내어라.

(3) 표본비율 $\hat{p}$의 기댓값과 분산은 얼마인가?

풀이

(1) 유권자 집단의 크기가 크기 때문에 X는 성공의 확률이 p인 베르누이 시행을 400번 독립적으로 시행할 때 일어난 성공의 횟수로 볼 수 있으므로 이항분포 $B(400,\ p)$를 따른다고 할 수 있다.

(2) 표본비율 $\hat{p}=\dfrac{X}{400}$이다.

(3) 표본비율 $\hat{p}=X/400$의 기댓값과 분산은

$$E(\hat{p})=\frac{E(X)}{400}=\frac{400p}{400}=p$$

$$Var(\hat{p})=\frac{Var(X)}{400^2}=\frac{400p(1-p)}{400^2}=\frac{p(1-p)}{400}$$

이 됨을 알 수 있다.

06장 연습문제

01 평균이 15이고, 분산이 9인 모집단으로부터 추출한 랜덤표본 $X_1, \cdots, X_{49}$이라 하고 표본평균을

$$\overline{X} = \frac{1}{49}\sum_{i=1}^{49} X_i$$

라고 할 때 다음 물음에 답하여라.

(1) 확률변수 $\overline{X}$의 기댓값과 분산은 얼마인가?

(2) $P(\frac{7}{3} \le \overline{X} \le 35)$의 근삿값을 구하여라.

02 정규모집단 $N(\mu, \sigma^2)$에서 추출한 크기 9인 표본을 $X_1, \cdots, X_9$ 라 하고 표본분산과 표본평균을 각각

$$S^2 = \frac{1}{8}\sum_{i=1}^{9}(X_i - \overline{X})^2 \ , \ \overline{X} = \frac{1}{9}\sum_{i=1}^{9} X_i$$

라 하자.

(1) 다음과 같이 정의되는 Q는 어떤 분포를 따르는가?

$$Q = \frac{\overline{X} - \mu}{\sigma/3}$$

(2) $P(Q \ge q_1) = 0.05$을 만족하는 q_1을 구하여라.

(3) 다음과 같이 정의되는 W는 어떤 분포를 따르는가?

$$W = \frac{\overline{X} - \mu}{S/3}$$

(4) $P(W \ge w_1) = 0.05$을 만족하는 w_1을 구하여라.

07장

추정

7.1 통계적 추론

통계적 추론(statistical inference)은 관심대상인 모집단으로부터 표본을 추출하여, 표본의 정보를 이용해 모집단의 모수를 추론하는 과정을 말한다. 통계적 추론은 모집단에서 관심있는 특성을 나타내는 미지의 상수인 모수를 값으로 나타내는 **추정**(estimation)과 모수에 대한 어떤 추측을 입증하고자 하는 **가설검정**(hypothesis test)으로 크게 구분할 수 있다. 추정은 하나의 값으로 추정하는 **점추정**(point estimation)과 모수가 포함될 것이라고 기대할 수 있는 구간으로 추정하는 **구간추정**(interval estimation)으로 구분할 수 있다.

7.2 점추정

점추정은 표본을 이용하여 미지의 모수에 대해 하나의 값으로 추정하는 방법으로, 모수를 추정하기 위해 사용하는 통계량을 **추정량**(estimator)이라고 하며, 추출된 하나의 표본을 이용하여 계산된 추정량의 값을 **추정치**(estimate)라고 한다. 따라서 모평균을 추정하기 위해 사용하는 표본평균은 모평균의 추정량이 되며, 모비율을 추정하기 위해 사용하는 표본비율은 모비율의 추정량이 된다. 그리고 추출된 표본의 자료를 이용하여 계산된 표본평균 $\overline{x}$가 15라면 모평균의 추정치는 15가 된다. 추정치는 추출된 표본에 따라 다른 값으로 계산될 수 있으므로 모수와 다른 값으로 추정될 수 있다.

모평균의 추정

평균이 μ이고 분산이 σ^2인 무한모집단에서 추출한 크기가 n인 랜덤표본을 $X_1, \cdots, X_n$이라고 할 경우, 모평균 μ의 추정량인 표본평균 $\overline{X}$는 다음과 같다.

$$\hat{\mu} = \overline{X} = \frac{X_1 + \cdots + X_n}{n} = \frac{\sum_{i=1}^{n} X_i}{n}$$

이때 표본평균 $\overline{X}$의 기댓값과 분산은 다음과 같은데,

$$E(\overline{X}) = \mu, \quad V(\overline{X}) = \frac{\sigma^2}{n}$$

모평균의 추정량인 표본평균의 기댓값이 모수 μ가 된다. 이와 같이 추정량의 기댓값이 다시 모수가 되는 추정량을 **불편추정량**(unbiased estimator)이라고 한다. 일반적으로 모수 θ의 추정량 $\hat{\theta}$에 대해 다음이 성립할 경우 추정량 $\hat{\theta}$를 모수 θ의 불편추정량이라고 한다.

$$E(\hat{\theta}) = \theta$$

따라서 모평균을 추정하기 위해 사용하는 표본평균은 모평균의 불편추정량이라고 할 수 있다.

추정량은 하나의 표본에서 계산된 값이므로 추정량의 정밀도를 나타내기 위하여 추정량에 대한 표준편차를 함께 나타낸다. **표준오차**(standard error)란 통계량의 표준편차를 말하며, 모평균 μ의 추정량인 표본평균 $\overline{X}$의 표준오차는 다음과 같다.

$$SE(\overline{X}) = \frac{\sigma}{\sqrt{n}}$$

만일 모표준편차를 모르는 경우 표본평균의 표준오차의 추정량은 표본표준편차 s를 이용하여 다음과 같이 나타낼 수 있다.

$$\widehat{SE}(\overline{X}) = \frac{s}{\sqrt{n}}$$

표본의 크기가 충분히 큰 경우, 점추정량이 모수와 차이가 나는 정도를 **오차한계**(margin of error)로 나타낼 수 있는데, 95% 오차한계는 표본평균의 표준오차에 ±1.96을 곱하여 다음과 같이 나타낼 수 있다.

$$95\%\ \text{오차한계} = \pm 1.96\frac{\sigma}{\sqrt{n}} \quad \text{또는} \quad \pm 1.96\frac{s}{\sqrt{n}}$$

예제 7.1

어떤 대학에서 학생들의 통학시간 평균을 추정하고자 한다. 다음은 임의로 선택한 15명의 학생들의 통학시간(분)이다. 이 학생들의 통학시간의 모평균을 추정하고, 이에 대한 표준오차를 구하여라.

29 38 38 33 38 21 45 34 40 37 37 42 30 29 35

풀이

모평균 μ의 추정값인 표본평균 $\overline{x}$는 다음과 같으며,

$$\hat{\mu} = \overline{x} = \frac{x_1 + \cdots + x_n}{n} = \frac{29 + \cdots + 35}{15} = 35.07$$

표본표준편차 s는 다음과 같다.

$$\hat{\sigma} = s = \sqrt{\frac{\sum(x_i - \overline{x})^2}{n-1}} = \sqrt{\frac{\sum x_i^2 - (\sum x_i)^2/n}{n-1}} = \sqrt{\frac{18952 - 18445.07}{15-1}} = \sqrt{36.21} = 6.02$$

따라서, 표본평균의 표준오차는 다음과 같다.

$$\widehat{SE}(\overline{X}) = \frac{s}{\sqrt{n}} = \frac{6.02}{\sqrt{15}} = 1.55$$

R 실습

모평균의 점추정과 표준오차

```
> commuteTime <- c(29,38,38,33,38,21,45,34,40,37,37,42,30,29,35)
> n <- length(commuteTime)
> xbar <- mean(commuteTime) ; xbar
[1] 35.06667
> se <- sd(commuteTime)/sqrt(n) ; se
[1] 1.553695
```

모비율의 추정

어떤 특정 속성을 갖는 원소의 비율이 p인 무한모집단에서 추출한 크기가 n인 랜덤표본에서 특정 속성을 갖는 원소의 표본비율 $\hat{p}$의 기댓값과 분산은 6.4에서

$$E(\hat{p}) = p,$$

$$Var(\hat{p}) = \frac{p(1-p)}{n}$$

이다. 따라서 표본비율 $\hat{p}$의 기댓값은 모비율 p이므로, 표본비율 $\hat{p}$은 모비율 p의 불편추정량이 된다.

모비율 p에 대한 추정량인 표본비율 $\hat{p}$의 표준오차는 다음과 같으며,

$$SE(\hat{p}) = \sqrt{\frac{p(1-p)}{n}}$$

여기서 모비율 p의 값을 모르므로, 표본비율을 이용하여 표본비율의 표준오차의 추정량은 다음과 같이 나타낼 수 있다.

$$\widehat{SE}(\hat{p}) = \sqrt{\frac{\hat{p}(1-\hat{p})}{n}}$$

표본의 크기가 충분히 큰 경우, 즉 $n\hat{p} > 5$, $n(1-\hat{p}) > 5$인 경우 95% 오차한계는 표본비율의 표준오차에 ±1.96을 곱하여 다음과 같이 나타낼 수 있다.

$$95\% \text{ 오차한계} = \pm 1.96\sqrt{\frac{\hat{p}(1-\hat{p})}{n}}$$

예제 7.2

시장선거에서 A 후보의 지지율을 파악하고자 400명을 대상으로 여론조사를 실시한 결과, 300명이 A 후보를 지지하고 있는 것으로 나타났다. A 후보 지지율의 모비율을 추정하고, 이에 대한 표준오차를 구하여라.

풀이

A 후보를 지지하는 사람을 X라고 한다면, 표본크기 $n=400$이고 X의 관측값은 $x=300$이다. 따라서 모비율 p의 추정값인 표본비율은 다음과 같으며,

$$\hat{p}=\frac{x}{n}=\frac{300}{400}=0.75$$

표본비율의 표준오차는 다음과 같다.

$$\widehat{SE}(\hat{p})=\sqrt{\frac{\hat{p}(1-\hat{p})}{n}}=\sqrt{\frac{(0.75)(0.25)}{400}}=0.0217$$

R 실습

모비율의 점추정과 표준오차

```
> n <- 400 ; x <- 300
> p <- x/n ; p
[1] 0.75
> se <- sqrt(p*(1-p)/n) ; se
[1] 0.02165064
```

7.3 모평균의 구간추정

구간추정은 모수가 포함될 것이라고 기대할 수 있는 구간으로 추정하는 방법으로, **신뢰구간**(confidence interval)이란 구간이 모수를 포함할 것이라고 신뢰할 수 있는 정도를 나타내는 **신뢰수준**(confidence level)을 이용하여 구간을 추정하는 방법이다. 만일 모수가 포함될 확률이 $(1-\alpha)$인 $100(1-\alpha)\%$ 신뢰구간을 추정하고자 할 경우, $(1-\alpha)$를 **신뢰계수**(confidence coefficient)라고 하며, $100(1-\alpha)\%$를 신뢰수준이라고 한다. 일반적으로 90%, 95%, 99% 신뢰수준을 많이 사용한다.

대표본에서 모평균의 신뢰구간

평균이 μ이고 분산이 σ^2인 모집단에서 추출한 크기가 n인 랜덤표본 $X_1, \cdots, X_n$의 표본평균을 $\overline{X}$라고 하자. 이때 모집단이 정규분포를 따른다면 $\overline{X}$의 분포는 $N(\mu, \sigma^2/n)$을 따르며, 모집단이 정규분포를 따르지 않더라도 n이 충분히 크면($n \geq 30$) 중심극한정리에 따라 $\overline{X}$의 분포는 근사적으로 $N(\mu, \sigma^2/n)$을 따른다. 따라서

$$Z = \frac{\overline{X} - \mu}{\sigma / \sqrt{n}}$$

은 표준정규분포를 따른다. z_α를 표준정규분포에서 오른쪽 꼬리부분의 면적이 α인 점이라고 하면, 다음이 성립한다.

$$P(-z_{\alpha/2} < Z < z_{\alpha/2}) = P(-z_{\alpha/2} < \frac{\overline{X} - \mu}{\sigma / \sqrt{n}} < z_{\alpha/2}) = 1 - \alpha$$

위 식을 부등식의 성질을 이용하여 모평균 μ에 대한 식으로 나타내면 다음과 같다.

$$P(\overline{X} - z_{\alpha/2} \frac{\sigma}{\sqrt{n}} < \mu < \overline{X} + z_{\alpha/2} \frac{\sigma}{\sqrt{n}}) = 1 - \alpha$$

따라서 모표준편차를 알고 있을 때, 모평균 μ에 대한 $100(1-\alpha)\%$ 신뢰구간은 다음과 같으며,

$$(\overline{X} - z_{\alpha/2} \frac{\sigma}{\sqrt{n}}, \overline{X} + z_{\alpha/2} \frac{\sigma}{\sqrt{n}})$$

$\overline{X} - z_{\alpha/2}\sigma/\sqrt{n}$을 신뢰구간의 하한, $\overline{X} + z_{\alpha/2}\sigma/\sqrt{n}$을 신뢰구간의 상한이라고 한다.

만일 모표준편차를 모르는 경우, 모집단의 크기가 충분히 큰 경우 표본표준편차는 근사적으로 모표준편차가 되므로, 표본표준편차를 이용하여 모평균 μ에 대한 $100(1-\alpha)\%$ 신뢰구간은 다음과 같이 나타낼 수 있다.

$$(\overline{X} - z_{\alpha/2} \frac{s}{\sqrt{n}}, \overline{X} + z_{\alpha/2} \frac{s}{\sqrt{n}})$$

예제 7.3

다음은 A 지역 44명의 학생들의 읽기능력시험에 대한 점수이며, 읽기능력시험의 모표준편차가 11로 알려져 있다고 한다. 이때 모평균에 대한 99% 신뢰구간을 구하여라.

40	26	39	14	42	18	25	43	46	27	19
47	19	26	35	34	15	44	40	38	31	46
52	25	35	35	33	29	34	41	49	28	52
47	35	48	22	33	41	51	27	14	54	45

풀이

$\bar{x} = 35.09$, $z_{\alpha/2} = z_{0.005} = 2.58$이므로, μ에 대한 99% 신뢰구간은 다음과 같다.

$$\begin{aligned} \bar{x} \pm z_{\alpha/2} \frac{\sigma}{\sqrt{n}} &= 35.09 \pm (2.58) \frac{11}{\sqrt{44}} \\ &= 35.09 \pm 4.28 \\ &= (30.81,\ 39.37) \end{aligned}$$

따라서 A 지역 학생들의 읽기능력시험 점수 평균의 99% 신뢰구간은 30.81점에서 39.37점이라고 할 수 있다.

R 실습

모평균의 신뢰구간(대표본, 모분산을 알고 있을 때)

```
> readingScore <- c(40, 26, 39, 14, 42, 18, 25, 43, 46, 27, 19,
+                   47, 19, 26, 35, 34, 15, 44, 40, 38, 31, 46,
+                   52, 25, 35, 35, 33, 29, 34, 41, 49, 28, 52,
+                   47, 35, 48, 22, 33, 41, 51, 27, 14, 54, 45)
> sigma <- 11
> n <- length(readingScore)
> alpha <- 0.01
> x <- mean(readingScore) -  qnorm(1-alpha/2) * sigma/sqrt(n)
> y <- mean(readingScore) +  qnorm(1-alpha/2) * sigma/sqrt(n)
> confidenceLimit <- c(x, y)
```

```
> names(confidenceLimit) <- c("Lower.CL", "Upper.CL")
> confidenceLimit
Lower.CL Upper.CL
30.81938 39.36244
```

예제 7.4

예제 7.3에서 읽기능력시험의 모표준편차가 알려져 있지 않은 경우, 모평균에 대한 95% 신뢰구간을 구하여라.

풀이

$\overline{x}=35.09$, $s=11.19$, $z_{\alpha/2}=z_{0.025}=1.96$이므로, μ에 대한 95% 신뢰구간은 다음과 같다.

$$\begin{aligned}\overline{x}\pm z_{\alpha/2}\frac{s}{\sqrt{n}} &= 35.09\pm(1.96)\frac{11.19}{\sqrt{44}}\\ &= 35.09\pm 3.31\\ &= (31.78,\ 38.40)\end{aligned}$$

따라서 A 지역의 학생들의 읽기능력시험 점수 평균의 95% 신뢰구간은 31.78점에서 38.40점이라고 할 수 있다.

R 실습

모평균의 신뢰구간(대표본, 모분산을 모르고 있을 때)

```
> readingScore <- c(40, 26, 39, 14, 42, 18, 25, 43, 46, 27, 19,
+                   47, 19, 26, 35, 34, 15, 44, 40, 38, 31, 46,
+                   52, 25, 35, 35, 33, 29, 34, 41, 49, 28, 52,
+                   47, 35, 48, 22, 33, 41, 51, 27, 14, 54, 45)
> n <- length(readingScore)
> alpha <- 0.05
> x <- mean(readingScore) -  qnorm(1-alpha/2) * sd(readingScore)/sqrt(n)
> y <- mean(readingScore) +  qnorm(1-alpha/2) * sd(readingScore)/sqrt(n)
> confidenceLimit <- c(x, y)
> names(confidenceLimit) <- c("Lower.CL", "Upper.CL")
```

```
> confidenceLimit
Lower.CL Upper.CL
31.78474 38.39708
```

만일 크기 n인 표본의 자료를 추출하여 $\overline{x}$와 s를 계산하여 μ의 95% 신뢰구간

$$(\overline{x} - z_{\alpha/2}\frac{s}{\sqrt{n}}, \overline{x} + z_{\alpha/2}\frac{s}{\sqrt{n}})$$

을 계산할 경우, 표본마다 $\overline{x}$와 s의 값이 변하므로 신뢰구간도 변하게 된다. 그리고 참값인 모평균은 미지의 상수이므로 신뢰구간을 반복하여 구할 때, 신뢰구간 중에는 μ를 포함하는 것과 포함하지 않는 것이 있을 것이다. 95% 신뢰구간이란 신뢰구간을 반복해서 구할 때 약 95% 정도의 신뢰구간은 모평균을 포함할 것이라고 기대할 수 있다는 것을 의미한다.

신뢰구간의 크기는 신뢰수준에 따라 정해지는 $z_{\alpha/2}$와 표본의 크기 n에 따라 달라지는데, 신뢰수준이 커질수록 $z_{\alpha/2}$값이 커지므로 신뢰구간의 크기도 커진다. 예를 들어 95% 신뢰수준의 경우 $z_{0.025} = 1.96$이고 99% 신뢰수준의 경우 $z_{0.005} = 2.58$이므로 99% 신뢰구간의 크기가 95% 신뢰구간의 크기보다 더 커진다. 그리고 표본의 크기가 커질수록 표준오차가 감소하여 신뢰구간의 크기가 작아짐을 알 수 있다.

일반적으로 모수에 대한 $100(1-\alpha)\%$ 신뢰구간은 다음과 같은 형태로 나타낼 수 있다. 여기서 임계값은 추정량의 표본분포에 따라 정해진다.

추정량 ± 임계값 × (추정량의 표준오차)

소표본에서 모평균의 신뢰구간

표본의 크기가 충분히 크다면 모집단의 형태 및 모표준편차를 알고 있는지에 상관없이 $\overline{X}$의 표본분포는 정규분포를 따른다. 하지만 표본의 크기가 작은 경우($n < 30$) 더 이상 중심극한정리는 성립하지 않는다. 따라서 소표본인 경우에는 모집단이 정규분포를 따른다는 가정하에 $\overline{X}$의 표본분포는 $N(\mu, \sigma^2/n)$을 따른다. 따라서

$$Z = \frac{\overline{X} - \mu}{\sigma / \sqrt{n}}$$

은 표준정규분포를 따르므로, 소표본인 경우 모집단이 정규분포를 따르고 모표준편차를 알고 있을 경우 모평균 μ에 대한 $100(1-\alpha)\%$ 신뢰구간은 다음과 같다.

$$(\overline{X} - z_{\alpha/2}\frac{\sigma}{\sqrt{n}}, \overline{X} + z_{\alpha/2}\frac{\sigma}{\sqrt{n}})$$

만일 모표준편차를 모르는 경우, 소표본인 경우 표본표준편차는 근사적으로 모표준편차가 될 수 없으므로,

$$t = \frac{\overline{X} - \mu}{s / \sqrt{n}}$$

는 자유도가 $(n-1)$인 t분포를 따른다. 따라서 소표본인 경우 모집단이 정규분포를 따르고 모표준편차를 모르는 경우 모평균 μ에 대한 $100(1-\alpha)\%$ 신뢰구간은 다음과 같다.

$$(\overline{X} - t_{\alpha/2}(n-1)\frac{s}{\sqrt{n}}, \overline{X} + t_{\alpha/2}(n-1)\frac{s}{\sqrt{n}})$$

예제 7.5

예제 7.1에서 통학시간이 정규분포를 따르고 모분산이 36으로 알려져 있을 경우, 평균 통학시간에 대한 90% 신뢰구간을 구하여라.

풀이

$n = 15$, $\overline{x} = 35.07$, $\sigma = 6$, $z_{\alpha/2} = z_{0.05} = 1.645$이므로, μ에 대한 90% 신뢰구간은 다음과 같다.

$$\begin{aligned}\overline{x} \pm z_{\alpha/2}\frac{\sigma}{\sqrt{n}} &= 35.07 \pm (1.645)\frac{6}{\sqrt{15}} \\ &= 35.07 \pm 2.55 \\ &= (32.52, 37.62)\end{aligned}$$

따라서 통학시간 평균의 90% 신뢰구간은 32.52점에서 37.62점이라고 할 수 있다.

R 실습

모평균의 신뢰구간(소표본, 정규분포, 모분산을 알고 있을 때)

```
> commuteTime <- c(29,38,38,33,38,21,45,34,40,37,37,42,30,29,35)
> sigma <- 6
> alpha <- 0.10
> n <- length(commuteTime)
> x <- mean(commuteTime) -  qnorm(1-alpha/2) * sigma/sqrt(n)
> y <- mean(commuteTime) +  qnorm(1-alpha/2) * sigma/sqrt(n)
> confidenceLimit <- c(x, y)
> names(confidenceLimit) <- c("Lower.CL", "Upper.CL")
> confidenceLimit
Lower.CL Upper.CL
32.51847 37.61486
```

예제 7.6

예제 7.1에서 통학시간이 정규분포를 따르고 통학시간의 모분산이 알려져 있지 않은 경우, 평균 통학시간에 대한 95% 신뢰구간을 구하여라.

풀이

$n=15$, $\bar{x}=35.07$, $s=6.02$, $t_{\alpha/2}(n-1)=t_{0.025}(14)=2.145$이므로, μ에 대한 95% 신뢰구간은 다음과 같다.

$$\begin{aligned}\bar{x}\pm t_{\alpha/2}(n-1)\frac{s}{\sqrt{n}} &= 35.07\pm(2.145)\frac{6.02}{\sqrt{15}} \\ &= 35.07\pm 3.33 \\ &= (31.74, 38.40)\end{aligned}$$

따라서 A 지역 학생들의 읽기능력시험 점수의 평균의 95% 신뢰구간은 31.74점에서 38.40점이라고 할 수 있다.

R 실습

모평균의 신뢰구간(소표본, 정규분포, 모분산을 모르고 있을 때)

```
> commuteTime <- c(29,38,38,33,38,21,45,34,40,37,37,42,30,29,35)
> alpha <- 0.05
> n <- length(commuteTime)
> x <- mean(commuteTime) -  qt(1-alpha/2, n-1) * sd(commuteTime)/sqrt(n)
> y <- mean(commuteTime) +  qt(1-alpha/2, n-1) * sd(commuteTime)/sqrt(n)
> confidenceLimit <- c(x, y)
> names(confidenceLimit) <- c("Lower.CL", "Upper.CL")
> confidenceLimit
Lower.CL Upper.CL
31.73432 38.39901
```

7.4 모비율의 구간추정

어떤 특정 속성을 가지는 비율이 p인 무한모집단에서 추출한 크기가 n인 랜덤표본에서, n이 충분히 크면($np > 5$, $n(1-p) > 5$) 모비율 p의 추정량인 표본비율 $\hat{p}$의 분포는 근사적으로 $N(p, p(1-p)/n)$를 따른다. 여기서 모비율 p의 값을 모르므로, 표본비율 $\hat{p}$를 대입하면

$$Z = \frac{\hat{p} - p}{\sqrt{\frac{\hat{p}(1-\hat{p})}{n}}}$$

은 표준정규분포를 따른다. 따라서 모비율 p에 대한 $100(1-\alpha)\%$ 신뢰구간은 다음과 같다.

$$\left(\hat{p} - z_{\alpha/2}\sqrt{\frac{\hat{p}(1-\hat{p})}{n}}, \hat{p} + z_{\alpha/2}\sqrt{\frac{\hat{p}(1-\hat{p})}{n}}\right)$$

예제 7.7

예제 7.2에서 A 후보 지지율의 95% 신뢰구간을 구하여라.

풀이

표본비율 $\hat{p}=300/400=0.75$, $z_{\alpha/2}=z_{0.025}=1.96$이므로, p에 대한 95% 신뢰구간은 다음과 같다.

$$\begin{aligned}\hat{p}\pm z_{\alpha/2}\sqrt{\frac{\hat{p}(1-\hat{p})}{n}} &= 0.75\pm 1.96\sqrt{\frac{0.75\times 0.25}{400}} \\ &= 0.75\pm 0.042 \\ &= (0.708, 0.792)\end{aligned}$$

따라서 A 후보 지지율의 95% 신뢰구간은 70.8%에서 79.2%라고 할 수 있다.

R 실습

모비율의 신뢰구간(대표본)

```
> n <- 400 ; x <- 300
> p <- x/n
> se <- sqrt(p*(1-p)/n)
> alpha <- 0.05
> x <- p - qnorm(1-alpha/2) * se
> y <- p + qnorm(1-alpha/2) * se
> confidenceLimit <- c(x, y)
> names(confidenceLimit) <- c("Lower.CL", "Upper.CL")
> confidenceLimit
 Lower.CL  Upper.CL
0.7075655 0.7924345
```

07장 연습문제

01 모표준편차(σ)가 10인 모집단으로부터 랜덤표본 n개를 추출하였다. 모평균(μ)의 95% 신뢰구간을 구하여라.

1) $n = 100$

2) $n = 400$

02 산성비는 토양에 영향을 주고 철로 된 물건을 부식시킨다. 강우량을 40번 측정하였을 때, 수소 이온 농도 지수의 평균($\overline{x}$)이 3.7(pH), 표준편차(s)가 0.5(pH)였다. 평균 강우량 pH의 99% 신뢰구간을 구하여라.

03 건강한 사람의 적혈구 수(마이크로리터당 10^6개)는 정규분포를 따르고 적혈구 수의 모표준편차(σ)가 0.1(마이크로리터당 10^6개)이라고 알려져 있다. 랜덤으로 15명의 건강한 사람을 조사했더니 적혈구 수의 평균($\overline{x}$)이 5.24(마이크로리터당 10^6개)였다. 건강한 사람의 평균 적혈구 수의 95% 신뢰구간을 구하여라.

04 3번 문제에서 모표준편차(σ)를 모른다고 하자. 조사 결과에서 표본표준편차(s)가 0.15(마이크로리터당 10^6개)였다면, 건강한 사람의 평균 적혈구 수의 90% 신뢰구간을 구하여라.

05 다음 대통령 선거에서 투표율을 조사하기 위하여 랜덤으로 300명의 성인을 뽑아 질문하였다. 그 결과 192명이 다음 대통령 선거에 투표를 하겠다고 응답하였다. 다음 대통령 선거에서 성인 투표 참여율의 95% 신뢰구간을 구하여라.

08장

가설검정

8.1 가설검정의 원리

통계적 가설(statistical hypothesis)이란 모집단의 분포나 모수에 대한 어떤 추측을 말한다. 예를 들면 1) 어느 공장에서 생산된 전구의 평균 수명은 1,000시간이다, 2) 새로운 고혈압 치료제가 기존의 고혈압 치료제보다 혈압 감소 정도가 크다, 3) 대통령 선거에서 A 후보의 지지율이 B 후보의 지지율보다 높다와 같이 사회과학이나 자연과학 분야 등에서의 입증하고자 하는 새로운 주장을 통계적 가설로 세울 수 있다. 표본에 있는 정보를 이용하여 이런 통계적 가설에 대해 채택(accept)하거나 기각(reject)하는 통계적 의사결정 과정을 **통계적 가설검정**이라고 한다.

가설은 **귀무가설**(null hypothesis)과 **대립가설**(alternative hypothesis)이 있으며, 입증하고자 하는 새로운 주장을 대립가설로 설정하고, 대립가설에 상반되는 가설을 귀무가설로 설정한다. 이때 귀무가설을 H_0, 대립가설을 H_1으로 나타낸다. 예를 들면 새로운 고혈압 치료제의 혈압 감소치의 평균을 μ_1, 기존의 고혈압 치료제의 혈압 감소치의 평균을 μ_2라고 할 경우, 새로운 고혈압 치료제가 기존의 고혈압 치료제보다 혈압 감소 정도가 크다는 사실을 입증하고자 할 경우 귀무가설과 대립가설은 다음과 같이 설정할 수 있다.

$$H_0 : \mu_1 \le \mu_2 \quad \text{대} \quad H_1 : \mu_1 > \mu_2$$

통계적 가설검정에서는 새로운 주장인 대립가설을 입증하는 것이 목적이므로 표본의 정보를 이용하여 대립가설을 지지하는 근거를 제시하여 대립가설이 참임을 증명하고자 한다. 따라서 귀무가설은 대립가설이 참이라는 확실한 증거가 없을 경우 받아들이는 가설이라고 할 수 있다.

가설검정은 표본의 정보를 바탕으로 이루어지므로 잘못된 판단을 내릴 수 있다. 실제 상황은 귀무가설이 참인 경우 또는 대립가설이 참인 경우가 있을 수 있으며, 가설검정의 결과는 귀무가설을 기각하는 경우 또는 귀무가설을 기각하지 않는 경우로 나타날 수 있다. 이를 정리하면 다음과 같다.

가설검정 결과	실제 상황	
	H_0가 참인 경우	H_1가 참인 경우
H_0를 기각하지 않는 경우	옳은 결정	제2종 오류
H_0를 기각하는 경우	제1종 오류	옳은 결정

귀무가설이 참인 경우 귀무가설을 기각하지 않는 경우 또는 대립가설이 참인 경우 귀무가설을 기각하는 경우는 옳은 결정을 내린 것이라고 할 수 있다. 하지만 귀무가설이 참인 경우 귀무가설을 기각하는 오류를 **제1종 오류**(type I error)라고 하며, 대립가설이 참인 경우 귀무가설을 기각하지 않는 오류를 **제2종 오류**(type II error)라고 한다. 예를 들면, 고혈압 치료제에 대한 가설검정에서 제1종 오류란 새로운 고혈압 치료제가 기존 고혈압 치료제보다 혈압감소가 크지 않은 데도 불구하고 혈압감소가 크다고 결정을 내릴 오류를 의미하며, 제2종 오류란 새로운 고혈압 치료제가 기존 고혈압 치료제보다 혈압감소가 큰 데도 불구하고, 혈압감소가 크지 않다고 결론을 내릴 오류를 의미한다. 만일 제1종 오류가 발생한다면 효과가 크지 않은 치료제를 생산 판매하게 되는 것이며, 만일 제2종 오류가 발생한다면 효과가 큰 치료제를 생산 판매하지 않게 된다. 여기서 효과가 크지 않은 치료제를 생산 판매하는 것이 효과가 큰 치료제를 생산 판매하지 않는 경우보다 더 심각한 오류를 범하는 것이므로, 귀무가설이 참일 때 이를 기각하는 경우를 제1종 오류라고 한다.

표본의 정보를 이용한 가설검정에서 발생할 수 있는 제1종 오류와 제2종 오류를 동시에 줄이는 것이 바람직하지만, 이를 동시에 줄이는 것은 불가능하다. 따라서 가설검정 시 제1종 오류의 최댓값을 주어진 값 이내로 관리하면서 제2종 오류를 줄이는 방향으로 가설검정을 실시한다. 여기서 제1종 오류를 범할 확률의 최댓값을 **유의수준**(significance level)이라고 하며, 보통 α로 나타낸다. 일반적으로 유의수준은 1%(0.01), 5%(0.05), 10%(0.1)를 많이 사용한다. 그리고 제2종 오류를 β로 나타내는데, 여기서 $1-\beta$를 **검정력**(power)이라고 한다. 검정력은 대립가설이 참일 때 귀무가설을 기각하는 확률로, 제2종 오류를 최소화하는 가설검정을 실시한다는 것은 검정력을 최대로 하는 가설검정을 실시한다는 것을 의미한다.

가설검정은 표본의 정보를 이용하므로 가설검정에 사용하는 통계량을 **검정통계량**(test statistic)이라고 한다. 가설검정에서는 검정통계량이 특정 영역에 속하면 귀무가설을 기각하는데, 이때 귀무가설을 기각하는 영역을 **기각역**(rejection region 또는 critical region)이라고 한다. 기각역은 사전에 주어진 유의수준에 따라 정해지며, 기각역이 아닌 영역을 채택역(acceptance region)이라고 한다. 가설검정의 결과 대립가설을 입증할 수 있는 근거가 제시되었을 경우 "귀무가설을 기각한다(reject H_0)"로 나타내며, 대립가설을 입증할 수 있는 근거를 제시하지 못할 경우 "귀무가설을 기각하지 못한다(not reject H_0)"로 나타낸다. 이는 가설검정의 과정이 귀무가설이 맞다는 가정하에 표본에서 얻은 정보에 의해 귀무가설에 위배됨을 보이는 과정이므로, 귀무가설에 위배되어 대립가설을 입증할 수 있는 근거가 있을 경우 귀무가설을 기각한다고 나타내며, 대립가설을 입증할 수 있는 근거가 없는 경우는 귀무가설을 기각할 만한 증거를 찾지 못한 것이므로 귀무가설을 기각하지 못한다고 나타낸다.

통계적 가설은 대립가설이 나타내는 모수의 영역에 따라 **양측검정**(two-sided test)과 **단측검정**(one-sided test)으로 구분할 수 있다. 예를 들어 모수 θ에 대한 가설검정에서 귀무가설이 $H_0 : \theta = \theta_0$인 경우, 대립가설은 다음과 같이 세 가지 형태가 있을 수 있다. 여기서 (1), (2)는 단측검정이며, (3)은 양측검정이다.

(1) $H_1 : \theta > \theta_0$

(2) $H_1 : \theta < \theta_0$

(3) $H_1 : \theta \neq \theta_0$

이때 (1)의 대립가설에 대한 귀무가설은 $H_0 : \theta \leq \theta_0$, (2)의 대립가설에 대한 귀무가설은 $H_0 : \theta \geq \theta_0$로 나타내는 것이 원칙이나, $H_0 : \theta = \theta_0$로 나타내어도 가설검정은 동일한 결과를 준다.

일반적으로 가설검정의 절차를 정리하면 다음과 같다.

1. 귀무가설 H_0와 대립가설 H_1을 설정한다. 이때 표본으로부터 입증하고자 하는 가설을 대립가설로 설정한다.
2. 가설검정에 사용할 검정통계량을 정한다. 이때 검정통계량은 모수의 추정량의 표본분포에 따라 결정된다.
3. 유의수준 α에 따른 기각역을 정한다.
4. 표본자료를 이용하여 검정통계량을 계산한다.
5. 검정통계량이 기각역에 속할 경우, 유의수준 α에서 귀무가설을 기각하고, 검정통계량이 기각역에 속하지 않을 경우, 유의수준 α에서 귀무가설을 기각할 수 없다고 결론을 내린다.

가설검정에서 위와 같이 검정통계량을 기각역과 비교하는 방법을 사용할 수도 있으나, **유의확률**(significance probability) 또는 **p-값**(p-value)의 개념을 이용하여 가설검정을 수행할 수도 있다. p-값이란 귀무가설이 기각되는 최소 유의수준으로, 검정통계량의 관찰값이 귀무가설을 기각하는 방향으로 나타날 확률을 말한다. p-값이 작다는 의미는 귀무가설이 맞다는 가정하의 표본분포에서 일어나기 어려운 일이 일어났다는 의미이며, p-값이 작을수록 귀무가설이 기각될 증거가 커진다고 할 수 있다. 따라서 검정통계량의 값이 기각역에 속하는 경우 p-값이 주어진 유의수준보다 작게 되므로 위의 가설검정의 4, 5단계를 p-값을 이용하여 다음과 같이 가설검정을 실시할 수 있다.

4-1. 표본자료를 이용하여 검정통계량을 계산하고, 검정통계량 값에 대한 p-값을 계산한다.

5-1. p-값이 유의수준 α보다 작을 경우, 유의수준 α에서 귀무가설을 기각하고, p-값이 유의수준 α보다 클 경우, 유의수준 α에서 귀무가설을 기각할 수 없다고 결론을 내린다.

8.2 모평균의 가설검정

대표본에서 모평균의 가설검정

평균이 μ이고 분산이 σ^2인 모집단에서 추출한 크기가 n인 랜덤표본인 $X_1, \cdots, X_n$의 표본평균을 $\overline{X}$라고 하자. 이때 모집단이 정규분포를 따른다면 $\overline{X}$의 분포는 $N(\mu, \sigma^2/n)$을 따르며, 모집단이 정규분포를 따르지 않더라도 n이 충분히 크면($n \geq 30$) 중심극한정리에 따라 $\overline{X}$의 표본분포는 근사적으로 $N(\mu, \sigma^2/n)$을 따른다. 따라서

$$Z = \frac{\overline{X} - \mu}{\sigma / \sqrt{n}}$$

은 표준정규분포를 따른다.

만일 귀무가설과 대립가설이 다음과 같이 주어질 경우,

$$H_0 : \mu = \mu_0 \text{ 대 } H_1 : \mu > \mu_0$$

$\overline{X}$가 μ_0에 비해 상당히 큰 값을 가질 경우 대립가설을 지지한다고 할 수 있다. 즉 $\overline{X} \geq c$인 경우 귀무가설을 기각하게 되는데, 귀무가설이 참일 경우 $\overline{X}$의 표본분포는 $N(\mu_0, \sigma^2/n)$가 되므로 귀무가설을 기각할 제1종 오류의 최댓값인 유의수준 α를 만족하는 기각역은 다음과

같이 구할 수 있다.

$$P\left(\frac{\overline{X}-\mu_o}{\sigma/\sqrt{n}} \ge c'\right) = \alpha$$

여기서

$$Z = \frac{\overline{X}-\mu_o}{\sigma/\sqrt{n}}$$

은 표준정규분포를 따르므로, 기각역의 경계값 c'는 z_α가 된다.

따라서 대표본인 경우 모표준편차를 알고 있을 경우, 유의수준 α하에서 모평균에 대한 가설검정법을 정리하면 다음과 같다.

1. 귀무가설 $H_0 : \mu = \mu_0$
2. 검정통계량

$$Z = \frac{\overline{X}-\mu_o}{\sigma/\sqrt{n}}$$

3. 기각역
   (1) $H_1 : \mu > \mu_0$일 때, $Z \ge z_\alpha$
   (2) $H_1 : \mu < \mu_0$일 때, $Z \le -z_\alpha$
   (3) $H_1 : \mu \ne \mu_0$일 때, $|Z| \ge z_{\alpha/2}$

만일 모표준편차를 모르는 경우, 검정통계량으로 표본표준편차를 이용한 다음 검정통계량을 이용하면 된다.

$$Z = \frac{\overline{X}-\mu_o}{s/\sqrt{n}}$$

위 가설검정에서 p-값은 기각역의 형태에 따라 다음과 같이 정의할 수 있다. 여기서 z는 표본자료를 이용하여 계산된 검정통계량의 관찰값이다.

(1) 기각역: $Z \ge z_\alpha$인 경우, p-값$= P(Z > z)$

(2) 기각역: $Z \le z_\alpha$인 경우, p-값$= P(Z < z)$

(3) 기각역: $|Z| \ge z_{\alpha/2}$인 경우, p-값$= P(|Z| > |z|)$

예제 8.1

예제 7.3에서 읽기능력시험의 모표준편차가 11로 알려져 있다고 한다. 이때 A 지역의 평균은 전국 평균인 32점보다 높은지 유의수준 5%에서 가설검정하여라.

풀이

주어진 정보로부터 $n = 44$, 표본평균 $\overline{x} = 35.09$, $\sigma = 11$이며, 가설검정 단계는 다음과 같다.

1. $H_0 : \mu \le 32$ 대 $H_1 : \mu > 32$
2. 검정통계량

$$Z = \frac{\overline{X} - \mu_o}{\sigma / \sqrt{n}} = \frac{\overline{X} - 32}{11 / \sqrt{n}}$$

3. 기각역

$$Z \ge z_\alpha = z_{0.05} = 1.645$$

4. 검정통계량 값을 계산하면,

$$z = \frac{35.09 - 32}{11 / \sqrt{44}} = 1.86$$

5. $z = 1.86 > z_{0.05} = 1.645$이므로, 유의수준 5%에서 귀무가설을 기각한다. 따라서 A 지역의 평균은 전국 평균인 32점보다 높다고 할 수 있다.

만일 p-값을 이용하여 가설검정을 실시하고자 할 경우, p-값을 계산하면

$$\text{p-값} = P(Z > 1.86) = 0.0314$$

이며, p-값이 유의수준 0.05보다 작으므로 귀무가설을 기각한다.

R 실습

사용형식: z.test(x, y, alternative = "two.sided", mu = 0,
sigma.x = NULL, sigma.y = NULL, conf.level = 0.95)

- x: 단일 모집단에 대한 숫자형 벡터
- y: 두 모집단에 대한 숫자형 벡터
- alternative = "two.sided" : 양쪽검정("two.sided"), 왼쪽검정("less"), 오른쪽검정("greater")을 지정
- mu = 0 : 귀무가설에서 설정한 모평균의 값
- sigma.x = : 단일 모집단에 대한 모분산을 지정
- sigma.y = : 두 모집단에 대한 모분산을 지정
- conf.level = 0.95 : 신뢰수준을 지정

※ 패키지 BSDA를 설치하고 함수 z.test()를 이용한다.

모평균의 가설검정(대표본, 모분산을 알고 있을 때)

```
> readingScore <- c(40, 26, 39, 14, 42, 18, 25, 43, 46, 27, 19,
+                 47, 19, 26, 35, 34, 15, 44, 40, 38, 31, 46,
+                 52, 25, 35, 35, 33, 29, 34, 41, 49, 28, 52,
+                 47, 35, 48, 22, 33, 41, 51, 27, 14, 54, 45)
> z.test(readingScore, alternative = "greater", mu = 32,
+       sigma.x=11, conf.level=0.95)

        One-sample z-Test

data:  readingScore
z = 1.8639, p-value = 0.03117
alternative hypothesis: true mean is greater than 32
95 percent confidence interval:
 32.36323       NA
sample estimates:
mean of x
 35.09091
```

예제 8.2

예제 7.3에서 읽기능력시험의 모표준편차가 알려져 있지 않은 경우, 이때 A 지역의 평균은 전국 평균인 32점보다 높은지 유의수준 5%에서 가설검정하여라.

풀이

주어진 정보로부터 $n = 44$, 표본평균 $\overline{x} = 35.09$, $s = 11.19$이며, 가설검정 단계는 다음과 같다.

1. $H_0 : \mu \le 32$ 대 $H_1 : \mu > 32$
2. 검정통계량

$$Z = \frac{\overline{X} - \mu_o}{s/\sqrt{n}} = \frac{\overline{X} - 32}{s/\sqrt{n}}$$

3. 기각역

$$Z \ge z_\alpha = z_{0.05} = 1.645$$

4. 검정통계량 값을 계산하면,

$$z = \frac{35.09 - 32}{11.19/\sqrt{44}} = 1.83$$

5. $z = 1.83 > z_{0.05} = 1.645$이므로, 유의수준 5%에서 귀무가설을 기각한다. 따라서 A 지역의 평균은 전국 평균인 32점보다 높다고 할 수 있다.

R 실습

모평균의 가설검정(대표본, 모분산을 모르고 있을 때)

```
> readingScore <- c(40, 26, 39, 14, 42, 18, 25, 43, 46, 27, 19,
+                   47, 19, 26, 35, 34, 15, 44, 40, 38, 31, 46,
+                   52, 25, 35, 35, 33, 29, 34, 41, 49, 28, 52,
+                   47, 35, 48, 22, 33, 41, 51, 27, 14, 54, 45)
> mu0 <- 32
> alpha <- 0.05
> n <- length(readingScore)
> z <- (mean(readingScore) - mu0)/(sd(readingScore)/sqrt(n)) ; z
[1] 1.832352
> p_value <- pnorm(z, lower.tail = F) ; p_value
[1] 0.03344949
```

소표본에서 모평균의 가설검정

소표본인 경우 모집단이 정규분포를 따른다는 가정하에 $\overline{X}$의 표본분포는 $N(\mu,\sigma^2/n)$을 따른다. 따라서 모표준편차를 아는 경우

$$Z=\frac{\overline{X}-\mu}{\sigma/\sqrt{n}}$$

은 표준정규분포를 따르므로, 가설검정은 대표본인 경우와 동일하게 실시할 수 있다. 하지만 모표준편차를 모르는 경우

$$t=\frac{\overline{X}-\mu}{s/\sqrt{n}}$$

는 자유도가 $(n-1)$인 t분포를 따르므로, 소표본인 경우 모집단이 정규분포를 따르고 모표준편차를 모르는 경우 유의수준 α하에서 모평균에 대한 가설검정법을 정리하면 다음과 같다.

1. 귀무가설 $H_0 : \mu = \mu_0$
2. 검정통계량

$$t=\frac{\overline{X}-\mu_o}{s/\sqrt{n}}$$

3. 기각역
   (1) $H_1 : \mu > \mu_0$일 때, $t \geq t_{\alpha}(n-1)$
   (2) $H_1 : \mu < \mu_0$일 때, $t \leq -t_{\alpha}(n-1)$
   (3) $H_1 : \mu \neq \mu_0$일 때, $|t| \geq t_{\alpha/2}(n-1)$

예제 8.3

예제 7.1에서 통학시간이 정규분포를 따르고 모분산이 36으로 알려져 있을 경우, 통학시간의 평균이 40분 미만인지 유의수준 1%에서 가설검정하여라.

풀이

주어진 정보로부터 $n = 15$, 표본평균 $\bar{x} = 35.07$, $\sigma = 6$이며, 가설검정 단계는 다음과 같다.

1. $H_0 : \mu \geq 40$ 대 $H_1 : \mu < 40$
2. 검정통계량

$$Z = \frac{\overline{X} - \mu_o}{\sigma / \sqrt{n}} = \frac{\overline{X} - 40}{6 / \sqrt{n}}$$

3. 기각역

$$Z \leq -z_\alpha = -z_{0.01} = -2.326$$

4. 검정통계량 값을 계산하면,

$$z = \frac{35.07 - 40}{6 / \sqrt{15}} = -3.18$$

5. $z = -3.18 < -z_{0.01} = -2.326$이므로, 유의수준 1%에서 귀무가설을 기각한다. 따라서 통학시간의 평균이 40분 미만이라고 할 수 있다.

R 실습

모평균의 가설검정(소표본, 정규분포, 모분산을 알고 있을 때)

```
> commuteTime <- c(29,38,38,33,38,21,45,34,40,37,37,42,30,29,35)
> z.test(commuteTime, alternative = "less", mu = 40,
+        sigma.x=6, conf.level=0.99)

         One-sample z-Test

data:  commuteTime
z = -3.1845, p-value = 0.0007251
alternative hypothesis: true mean is less than 40
99 percent confidence interval:
       NA 38.67063
sample estimates:
mean of x
 35.06667
```

예제 8.4

예제 7.1에서 통학시간이 정규분포를 따르고 통학시간의 모분산이 알려져 있지 않은 경우, 통학시간의 평균이 40분 미만인지 유의수준 1%에서 가설검정하여라.

풀이

주어진 정보로부터 $n=15$, 표본평균 $\overline{x}=35.07$, $s=6.02$이며, 가설검정 단계는 다음과 같다.

1. $H_0 : \mu \geq 40$ 대 $H_1 : \mu < 40$
2. 검정통계량

$$t=\frac{\overline{X}-\mu_o}{s/\sqrt{n}}=\frac{\overline{X}-40}{s/\sqrt{n}}$$

3. 기각역

$$t \leq -t_{\alpha}(n-1)=-t_{0.01}(14)=-2.624$$

4. 검정통계량 값을 계산하면,

$$t=\frac{35.07-40}{6.02/\sqrt{15}}=-3.18$$

5. $t=-3.18<-t_{0.01}(14)=-2.624$이므로, 유의수준 1%에서 귀무가설을 기각한다. 따라서 통학시간의 평균이 40분 미만이라고 할 수 있다.

R 실습

사용형식: `t.test(x, y = NULL, alternative = "two.sided", mu = 0, paired = FALSE, var.equal = FALSE, conf.level = 0.95)`

- x : 단일 모집단에 대한 벡터
- y : 두 모집단에 대한 벡터
- alternative = : 양쪽검정("two.sided"), 왼쪽검정("less"), 오른쪽검정("greater")을 지정
- mu = 0 : 귀무가설에서 설정한 모평균 값

```
•paired = FALSE : 짝진 표본 지정
•var.equal = FALSE : 등분산 지정
•conf.level = 0.95 : 신뢰수준을 지정
```

모평균의 가설검정(소표본, 정규분포, 모분산을 모르고 있을 때)

```
> commuteTime <- c(29,38,38,33,38,21,45,34,40,37,37,42,30,29,35)
> t.test(commuteTime, alternative = "less", mu = 40, conf.level=0.99)


	One Sample t-test

data:  commuteTime
t = -3.1752, df = 14, p-value = 0.003372
alternative hypothesis: true mean is less than 40
99 percent confidence interval:
    -Inf 39.14433
sample estimates:
mean of x
 35.06667
```

8.3 모비율의 가설검정

어떤 특정 속성을 가지는 비율이 p인 무한모집단에서 추출한 크기가 n인 랜덤표본에서, n이 충분히 크면($np > 5$, $n(1-p) > 5$) 모비율 p의 추정량인 표본비율 $\hat{p}$의 분포는 근사적으로 $N(p, p(1-p)/n)$을 따른다. 따라서 대표본인 경우 귀무가설 $H_0 : p = p_0$하에서 표본비율의 분포는 근사적으로 $N(p_0, p_0(1-p_0)/n)$을 따르며, 이때 $np_0 > 5$, $n(1-p_0) > 5$이면 대표본을 만족한다고 할 수 있다. 대표본인 경우 유의수준 α하에서 모비율에 대한 가설검정법을 정리하면 다음과 같다.

1. 귀무가설 $H_0 : p = p_0$
2. 검정통계량

$$Z = \frac{\hat{p} - p_o}{\sqrt{p_0(1-p_0)/n}}$$

3. 기각역

(1) $H_1 : p > p_0$일 때, $Z \geq z_\alpha$

(2) $H_1 : p < p_0$일 때, $Z \leq -z_\alpha$

(3) $H_1 : p \neq p_0$일 때, $|Z| \geq z_{\alpha/2}$

예제 8.5

예제 7.2에서 한 달 전의 여론조사에서는 A 후보의 지지율이 70%였다고 한다. A 후보의 지지율이 한 달 전과 다르다고 할 수 있는지 유의수준 5%에서 가설검정하여라.

풀이

주어진 정보로부터 $n = 400$, 표본비율 $\hat{p} = 300/400 = 0.75$이며, 가설검정 단계는 다음과 같다.

1. $H_0 : p = 0.7$ 대 $H_1 : p \neq 0.7$
2. 검정통계량

$$Z = \frac{\hat{p} - p_o}{\sqrt{p_0(1-p_0)/n}} = \frac{\hat{p} - 0.7}{\sqrt{0.7(1-0.7)/n}}$$

3. 기각역

$$|Z| \geq z_{\alpha/2} = z_{0.025} = 1.96$$

4. 검정통계량 값을 계산하면,

$$z = \frac{0.75 - 0.7}{\sqrt{(0.7)(0.3)/400}} = 2.182$$

5. $z = 2.182 > z_{0.025} = 1.96$이므로, 유의수준 5%에서 귀무가설을 기각한다. 따라서 A 후보의 지지율이 한 달 전과 다르다고 할 수 있다.

R 실습

```
사용형식:  prop.test(x, n, p = NULL, alternative = "two.sided",
                    conf.level = 0.95)
           • x : 성공의 개수에 대한 벡터
           • n : 시행의 횟수에 대한 벡터
           • p : 성공의 확률 지정
           • alternative = "two.sided" : 양쪽검정("two.sided"),
                 왼쪽검정("less"), 오른쪽검정("greater")을 지정
           • conf.level = 0.95 : 신뢰수준을 지정.
```

모비율의 가설검정(대표본)

```
> prop.test(x=300, n=400, p=0.7, alternative="two.sided", conf.level=0.95)

        1-sample proportions test with continuity correction

data:  300 out of 400, null probability 0.7
X-squared = 4.5268, df = 1, p-value = 0.03337
alternative hypothesis: true p is not equal to 0.7
95 percent confidence interval:
 0.7040154 0.7910893
sample estimates:
   p
0.75
```

8.4 양측검정과 신뢰구간의 관계

표본의 크기가 작고 모집단이 정규분포를 따르고 모표준편차를 모르는 경우 모평균 μ에 대한 $100(1-\alpha)\%$ 신뢰구간은 다음과 같다.

$$(\overline{X}-t_{\alpha/2}(n-1)\frac{s}{\sqrt{n}}, \overline{X}+t_{\alpha/2}(n-1)\frac{s}{\sqrt{n}})$$

그리고 유의수준이 α인 양측검정

$$H_0 : \mu = \mu_0 \text{ 대 } H_1 : \mu \neq \mu_0$$

에 대한 기각역은 다음과 같다.

$$|t| = \left| \frac{\overline{X} - \mu_o}{s/\sqrt{n}} \right| \geq t_{\alpha/2}(n-1)$$

따라서 채택역은

$$-t_{\alpha/2}(n-1) < \frac{\overline{X} - \mu_o}{s/\sqrt{n}} < t_{\alpha/2}(n-1)$$

이 되며, 이를 μ_0에 대하여 정리하면 다음과 같다.

$$\overline{X} - t_{\alpha/2}(n-1)\frac{s}{\sqrt{n}} < \mu_0 < \overline{X} + t_{\alpha/2}(n-1)\frac{s}{\sqrt{n}}$$

따라서 μ_0가 $100(1-\alpha)\%$ 신뢰구간에 포함되면, 검정통계량은 채택역에 포함되어 귀무가설을 기각할 수 없다. 그러므로 μ의 $100(1-\alpha)\%$ 신뢰구간이 구해지면 μ_0가 신뢰구간에 포함되면 양측검정 $H_0 : \mu = \mu_0$ 대 $H_1 : \mu \neq \mu_0$에서 귀무가설을 기각할 수 없으며, μ_0가 신뢰구간에 포함되지 않는다면 귀무가설을 기각할 수 있다.

예제 8.6

예제 7.6에서 통학시간의 95% 신뢰구간은 (31.74, 38.40)이므로, 양측검정 $H_0 : \mu = 40$ 대 $H_1 : \mu \neq 40$에 대해, 95% 신뢰구간이 40을 포함하지 않으므로 유의수준 5%하에서 귀무가설을 기각한다고 할 수 있다.

08장 연습문제

01 하루 나트륨 섭취량이 3,300 mg을 넘으면 인체에 해롭다고 한다. 정부에서는 국민의 식생활 실태를 조사하기 위해 100명을 랜덤하게 뽑아 하루 나트륨 섭취량을 조사하였다. 그 결과 하루 나트륨 섭취량의 평균($\bar{x}$)이 3,400 mg이었다. 하루 나트륨 섭취량은 정규분포를 따르고 모표준편차(σ)는 1,100 mg이라고 한다면, 국민의 하루 나트륨 섭취량 평균(μ)이 3,300 mg보다 큰 지 유의수준 5%하에서 가설을 검정하여라.

02 어떤 제약회사에서 어느 한 항생제의 평균 효능이 약 80%라고 주장한다. 랜덤으로 100개의 항생제 캡슐을 조사했더니 효능의 평균($\bar{x}$)이 79.7%였고, 표준편차(s)가 0.8%로 측정되었다. 이 자료가 제약회사의 주장을 뒷받침하기에 충분한 것인지 유의수준 5%하에서 가설을 검정하여라.

03 어떤 마트에서 랜덤으로 14개의 쇠고기 패티 무게를 재었을 때 평균($\bar{x}$)이 485 g이었다. 쇠고기 패티 무게는 정규분포를 따르고 모표준편차(σ)가 89 g으로 알려져 있다면, 쇠고기 패티 무게의 평균(μ)이 500 g인지 유의수준 5%하에서 가설을 검정하여라.

04 바닷가재의 등껍질 길이는 정규분포를 따르고, 등껍질 길이의 평균(μ)은 60 mm 미만이라고 알려져 있다. 평균 등껍질 길이에 대한 가설을 확인하기 위해, 싱가포르 주변 해안에서 랜덤으로 10마리의 바닷가재를 포획하였다. 등껍질 길이의 측정 결과는 아래와 같다.

78	66	65	63	60	60	58	56	52	50

유의수준 5%하에서 위의 가설을 검정하여라.

05 Washington Post라는 미국의 신문에서 미국 인구의 약 45%는 갈색 눈을 가지고 있다고 주장하였다. 이 신문의 주장을 검증하기 위해 랜덤으로 80명을 뽑아 조사하였더니 32명이 갈색 눈을 가지고 있었다. 미국 신문의 주장을 뒷받침할 수 있는 조사인지 유의수준 5%하에서 검정하여라.

09장

두 모집단의 비교

9.1 두 모평균 차에 대한 추론

두 모집단의 모평균의 차이에 대해 관심이 있는 경우, 두 개의 표본들이 서로 다른 모집단에서 추출되었을 경우 이를 독립표본이라고 하며, 두 개의 표본들이 관련이 있는 경우를 종속표본이라고 한다. 평균이 μ_1이고 분산이 σ_1^2인 모집단에서 추출한 크기가 n_1인 랜덤표본의 표본평균을 $\overline{X}$, 표본분산을 s_1^2이라고 하고, 평균이 μ_2이고 분산이 σ_2^2인 모집단에서 추출한 크기가 n_2인 랜덤표본의 표본평균을 $\overline{Y}$, 표본분산을 s_2^2이라고 하자.

대표본인 두 독립표본에서 모평균 차에 대한 추론

두 독립표본의 크기가 대표본인 경우 모집단이 정규분포를 따르는지에 상관없이 $\overline{X}$와 $\overline{Y}$의 표본분포는 다음과 같이 정규분포를 따른다.

$$\overline{X} \sim N\left(\mu_1, \frac{\sigma_1^2}{n_1}\right), \quad \overline{Y} \sim N\left(\mu_2, \frac{\sigma_2^2}{n_2}\right)$$

이때 두 표본은 서로 독립이므로, 두 표본평균의 차이 $\overline{X}-\overline{Y}$는 다음과 같은 정규분포를 따르며,

$$\overline{X}-\overline{Y} \sim N\left(\mu_1-\mu_2, \frac{\sigma_1^2}{n_1}+\frac{\sigma_2^2}{n_2}\right)$$

표준화된 확률변수는 다음과 같이 표준정규분포를 따르게 된다.

$$Z = \frac{(\overline{X}-\overline{Y})-(\mu_1-\mu_2)}{\sqrt{\frac{\sigma_1^2}{n_1}+\frac{\sigma_2^2}{n_2}}} \sim N(0,1)$$

따라서 모평균 차 $\mu_1-\mu_2$의 점추정량은 표본평균의 차이인 $\overline{X}-\overline{Y}$가 되며, 모표준편차 σ_1, σ_2를 알고 있을 때 $\overline{X}-\overline{Y}$의 표준오차는 다음과 같다.

$$SE(\overline{X}-\overline{Y})=\sqrt{\frac{\sigma_1^2}{n_1}+\frac{\sigma_2^2}{n_2}}$$

실제로는 모표준편차 σ_1, σ_2를 모르는 경우가 많으므로, 모표준편차 σ_1, σ_2를 모르는 경우 표본표준편차 s_1, s_2 를 이용하여 다음과 같이 $\overline{X}-\overline{Y}$의 표준오차의 추정량을 구할 수 있다.

$$\widehat{SE}(\overline{X}-\overline{Y})=\sqrt{\frac{s_1^2}{n_1}+\frac{s_2^2}{n_2}}$$

$\overline{X}-\overline{Y}$의 표본분포를 바탕으로 모표준편차를 알고 있을 때 두 독립표본에서 모평균의 차 $\mu_1-\mu_2$에 대한 $100(1-\alpha)\%$ 신뢰구간을 구하면 다음과 같으며,

$$\left((\overline{X}-\overline{Y})-z_{\alpha/2}\sqrt{\frac{\sigma_1^2}{n_1}+\frac{\sigma_2^2}{n_2}},\ (\overline{X}-\overline{Y})+z_{\alpha/2}\sqrt{\frac{\sigma_1^2}{n_1}+\frac{\sigma_2^2}{n_2}}\right)$$

모표준편차를 모를 경우 두 독립표본에서 모평균의 차 $\mu_1-\mu_2$에 대한 $100(1-\alpha)\%$ 신뢰구간은 다음과 같다.

$$\left((\overline{X}-\overline{Y})-z_{\alpha/2}\sqrt{\frac{s_1^2}{n_1}+\frac{s_2^2}{n_2}},\ (\overline{X}-\overline{Y})+z_{\alpha/2}\sqrt{\frac{s_1^2}{n_1}+\frac{s_2^2}{n_2}}\right)$$

두 독립표본의 크기가 대표본이고 모표준편차를 알고 있을 경우, 유의수준 α하에서 모평균의 차에 대한 가설검정법을 정리하면 다음과 같다.

1. 귀무가설 $H_0 : \mu_1-\mu_2=\delta_0$
2. 검정통계량

$$Z=\frac{(\overline{X}-\overline{Y})-\delta_0}{\sqrt{\frac{\sigma_1^2}{n_1}+\frac{\sigma_2^2}{n_2}}}$$

3. 기각역
   (1) $H_1 : \mu_1-\mu_2>\delta_0$일 때, $Z\geq z_\alpha$
   (2) $H_1 : \mu_1-\mu_2<\delta_0$일 때, $Z\leq -z_\alpha$

(3) $H_1 : \mu_1 - \mu_2 \neq \delta_0$일 때, $|Z| \geq z_{\alpha/2}$

만일 모표준편차를 모르는 경우, 검정통계량으로 표본표준편차를 이용한 다음 검정통계량을 이용하면 된다.

$$Z = \frac{(\overline{X} - \overline{Y}) - \delta_0}{\sqrt{\frac{s_1^2}{n_1} + \frac{s_2^2}{n_2}}}$$

예제 9.1

비타민을 복용한 집단과 복용하지 않은 집단이 감기에서 회복하는 데 걸리는 시간을 비교하기 위하여 실험을 실시한 결과, 다음과 같은 자료를 얻었다. 비타민을 복용하지 않은 집단의 감기회복시간의 평균을 μ_1, 복용한 집단의 감기회복시간의 평균을 μ_2라고 하자.

	비타민 복용하지 않은 집단	비타민 복용 집단
표본크기	35	35
표본평균	6.9	5.8
표본표준편차	2.9	1.2

(1) 비타민을 복용하지 않은 집단과 복용한 집단의 감기에서 회복하는 데 걸리는 시간 차에 대한 95% 신뢰구간을 구하여라.

(2) 비타민을 복용하는 경우 비타민을 복용하지 않은 경우에 비해 감기에서 회복하는 데 걸리는 시간을 줄일 수 있는지 유의수준 5%하에서 가설검정하여라.

풀이

(1) 주어진 정보로부터 모평균의 차 $\mu_1 - \mu_2$에 대한 95% 신뢰구간은 다음과 같이 구할 수 있으며,

$$\begin{aligned}(\overline{x} - \overline{y}) \pm z_{\alpha/2}\sqrt{\frac{s_1^2}{n_1} + \frac{s_2^2}{n_2}} &= (6.9 - 5.8) \pm z_{0.025}\sqrt{\frac{2.9^2}{35} + \frac{1.2^2}{35}} \\ &= 1.1 \pm 1.96 \times 0.53 \\ &= (0.06, 2.14)\end{aligned}$$

감기에서 회복하는 데 걸리는 시간 차에 대한 95% 신뢰구간은 0.06일에서 2.14일이라고 할 수 있다.

(2) 비타민을 복용하는 경우 비타민을 복용하지 않은 경우에 비해 감기에서 회복하는 데 걸리는 시간을 줄일 수 있는지에 대한 가설검정 단계는 다음과 같다.

1. $H_0 : \mu_1 - \mu_2 \leq 0$ 대 $H_1 : \mu_1 - \mu_2 > 0$
2. 검정통계량

$$Z = \frac{(\overline{X} - \overline{Y}) - \delta_0}{\sqrt{\frac{s_1^2}{n_1} + \frac{s_2^2}{n_2}}} = \frac{\overline{X} - \overline{Y}}{\sqrt{\frac{s_1^2}{n_1} + \frac{s_2^2}{n_2}}}$$

3. 기각역

$$Z \geq z_\alpha = z_{0.05} = 1.645$$

4. 검정통계량 값을 계산하면,

$$Z = \frac{6.9 - 5.8}{\sqrt{\frac{2.9^2}{35} + \frac{1.2^2}{35}}} = 2.07$$

5. $z = 2.07 > z_{0.05} = 1.645$이므로, 유의수준 5%에서 귀무가설을 기각한다. 따라서 비타민을 복용하는 경우 비타민을 복용하지 않은 경우에 비해 감기에서 회복하는 데 걸리는 시간을 줄일 수 있다고 할 수 있다.

소표본인 두 독립표본에서 모평균 차에 대한 추론(표준편차가 같을 경우)

두 독립표본의 크기가 소표본이고 모집단이 정규분포를 따르고 모표준편차가 같다는 가정 ($\sigma_1 = \sigma_2 = \sigma$)하에 표본평균의 차이 $\overline{X} - \overline{Y}$는 다음과 같은 정규분포를 따르며,

$$\overline{X} - \overline{Y} \sim N\left(\mu_1 - \mu_2, \sigma^2\left(\frac{1}{n_1} + \frac{1}{n_2}\right)\right)$$

표준화된 확률변수는 다음과 같이 표준정규분포를 따르게 된다.

$$Z = \frac{(\overline{X} - \overline{Y}) - (\mu_1 - \mu_2)}{\sigma\sqrt{\frac{1}{n_1} + \frac{1}{n_2}}} \sim N(0,1)$$

두 모집단의 공통 표준편차인 σ를 아는 경우는 표준정규분포를 이용하여 통계적 추론을 할 수 있으나, 공통 표준편차 σ를 모르는 경우는 이를 추정해야 한다. 표본표준편차는 편차제곱합을 자유도로 나눈 표본분산의 양의 제곱근으로 정의되므로, 공통 표준편차의 추정량인 합동표본표준편차 s_p는 다음과 같이 정의할 수 있다.

$$s_p = \sqrt{\frac{(n_1 - 1)s_1^2 + (n_2 - 1)s_2^2}{n_1 + n_2 - 2}}$$

여기서 분자는 $(n_1 - 1)s_1^2 + (n_2 - 1)s_2^2 = \sum_{i=1}^{n_1}(X_i - \overline{X})^2 + \sum_{i=1}^{n_2}(Y_i - \overline{Y})^2$로 편차제곱합을 나타낸다. 따라서 합동표본표준편차를 이용하면 표준화된 확률변수는 다음과 같이 자유도가 $n_1 + n_2 - 2$인 t분포를 따른다.

$$t = \frac{(\overline{X} - \overline{Y}) - (\mu_1 - \mu_2)}{s_p\sqrt{\frac{1}{n_1} + \frac{1}{n_2}}} \sim t(n_1 + n_2 - 2)$$

따라서 소표본이고 모표준편차를 모르지만 동일할 경우 두 독립표본에서 모평균의 차 $\mu_1 - \mu_2$에 대한 $100(1-\alpha)\%$ 신뢰구간을 구하면 다음과 같다.

$$(\overline{X} - \overline{Y}) \pm t_{\alpha/2}(n_1 + n_2 - 2)s_p\sqrt{\frac{1}{n_1} + \frac{1}{n_2}}$$

두 독립표본의 크기가 소표본이고 모표준편차를 모르지만 동일할 경우, 유의수준 α하에서 모평균의 차에 대한 가설검정법을 정리하면 다음과 같다.

1. 귀무가설 $H_0 : \mu_1 - \mu_2 = \delta_0$
2. 검정통계량

$$t = \frac{(\overline{X} - \overline{Y}) - \delta_0}{s_p\sqrt{\frac{1}{n_1} + \frac{1}{n_2}}}$$

3. 기각역

(1) $H_1 : \mu_1 - \mu_2 > \delta_0$ 일 때, $t \geq t_{\alpha}(n_1 + n_2 - 2)$

(2) $H_1 : \mu_1 - \mu_2 < \delta_0$ 일 때, $t \leq - t_{\alpha}(n_1 + n_2 - 2)$

(3) $H_1 : \mu_1 - \mu_2 \neq \delta_0$ 일 때, $|t| \geq t_{\alpha/2}(n_1 + n_2 - 2)$

예제 9.2

다음은 통계학을 수강하는 학생들의 시험성적이다. 남학생 성적과 여학생 성적은 정규분포를 따르며, 분산이 동일하다고 한다.

남학생:	72	69	98	66	85	76	79	80	77
여학생:	81	67	90	78	81	80	76		

(1) 남학생의 평균 성적(μ_1)과 여학생의 평균 성적(μ_2) 차의 99% 신뢰구간을 구하여라.

(2) 남학생의 성적의 평균보다 여학생의 성적의 평균이 높다고 할 수 있는지 유의수준 1%하에서 가설검정하여라.

풀이

(1) x를 남학생의 성적, y를 여학생의 성적이라고 할 경우, 주어진 정보로부터

$$n_1 = 9,\ \sum x_i = 702,\ \sum x_i^2 = 55476$$
$$n_2 = 7,\ \sum y_i = 553,\ \sum y_i^2 = 43971$$

이므로, $\bar{x} = 78$, $\bar{y} = 79$, $s_1^2 = 90$, $s_2^2 = 47.33$ 이며 합동표본표준편차는 다음과 같다.

$$s_p = \sqrt{\frac{(n_1 - 1)s_1^2 + (n_2 - 1)s_2^2}{n_1 + n_2 - 2}} = \sqrt{\frac{(9-1)90 + (7-1)47.33}{9+7-2}} = 8.47$$

따라서 모평균의 차 $\mu_1 - \mu_2$에 대한 99% 신뢰구간은 다음과 같이 구할 수 있으며,

$$\begin{aligned}&(\bar{x}-\bar{y}) \pm t_{\alpha/2}(n_1+n_2-2)s_p\sqrt{\frac{1}{n_1}+\frac{1}{n_2}}\\&=(78-79)\pm t_{0.005}(14)(8.47)\sqrt{\frac{1}{9}+\frac{1}{7}}\\&=(-1)\pm 2.977\times 4.27\\&=(-13.70, 11.70)\end{aligned}$$

남학생 성적과 여학생 성적 차의 99% 신뢰구간은 -13.70점에서 11.70점이라고 할 수 있다.

(2) 남학생 성적의 평균보다 여학생 성적의 평균이 높은지에 대한 가설검정 단계는 다음과 같다.

1. $H_0 : \mu_1 - \mu_2 \geq 0$ 대 $H_1 : \mu_1 - \mu_2 < 0$
2. 검정통계량

$$t=\frac{(\overline{X}-\overline{Y})-\delta_0}{s_p\sqrt{\frac{1}{n_1}+\frac{1}{n_2}}}=\frac{\overline{X}-\overline{Y}}{s_p\sqrt{\frac{1}{n_1}+\frac{1}{n_2}}}$$

3. 기각역

$$t \leq -t_{\alpha}(n_1+n_2-2)=-t_{0.01}(14)=-2.624$$

4. 검정통계량 값을 계산하면,

$$t=\frac{-1}{8.47\sqrt{\frac{1}{9}+\frac{1}{7}}}=-0.23$$

5. $t=-0.23>-t_{0.01}(14)=-2.624$이므로, 유의수준 1%에서 귀무가설을 기각하지 못한다. 따라서 남학생 성적의 평균보다 여학생 성적의 평균이 높다고 할 수 없다.

R 실습

독립 이표본, 소표본, 정규분포, 모표준편차를 모르지만 동일한 경우

```
> # 예제 9.2 (1)
> maleScore <- c(72, 69, 98, 66, 85, 76, 79, 80, 77)
> femaleScore <- c(81, 67, 90, 78, 81, 80, 76)
> alpha <- 0.01
> n1 <- length(maleScore)
> n2 <- length(femaleScore)
> pooledVar <- ((n1-1)*var(maleScore) + (n2-1)*var(femaleScore))/(n1+n2-2)
> x <- (mean(maleScore) - mean(femaleScore)) - qt(1-alpha/2, n1+n2-2) *
+                     sqrt(pooledVar)*sqrt(1/n1 + 1/n2)
> y <- (mean(maleScore) - mean(femaleScore)) + qt(1-alpha/2, n1+n2-2) *
+                     sqrt(pooledVar)*sqrt(1/n1 + 1/n2)
> confidenceLimit <- c(x, y)
> names(confidenceLimit) <- c("Lower.CL", "Upper.CL")
> confidenceLimit
 Lower.CL  Upper.CL
-13.70423  11.70423
>
> # 예제 9.2 (2)
> t.test(maleScore, femaleScore, var.equal=TRUE, alternative="less",
+     conf.level =0.99)

          Two Sample t-test
data:  maleScore and femaleScore
t = -0.23432, df = 14, p-value = 0.4091
alternative hypothesis: true difference in means is less than 0
99 percent confidence interval:
    -Inf 10.20052
sample estimates:
mean of x mean of y
      78        79
```

소표본인 두 독립표본에서 모평균 차에 대한 추론(표준편차가 다른 경우)

두 독립표본의 크기가 소표본이고 모집단이 정규분포를 따르고 모표준편차가 다른 경우 표본평균의 차이 $\overline{X}-\overline{Y}$는 다음과 같은 정규분포를 따르며,

$$\overline{X}-\overline{Y} \sim N\left(\mu_1-\mu_2, \frac{\sigma_1^2}{n_1}+\frac{\sigma_2^2}{n_2}\right)$$

표준화된 확률변수는 다음과 같이 표준정규분포를 따르게 된다.

$$Z=\frac{(\overline{X}-\overline{Y})-(\mu_1-\mu_2)}{\sqrt{\frac{\sigma_1^2}{n_1}+\frac{\sigma_2^2}{n_2}}} \sim N(0,1)$$

두 모집단의 표준편차 σ_1과 σ_2를 아는 경우는 표준정규분포를 이용하여 통계적 추론을 할 수 있으나, 표준편차 σ_1과 σ_2를 모르는 경우는 각각 표본에서의 표본표준편차를 이용해야 하며, 표본표준편차 s_1, s_2를 이용한 표준화된 확률변수는 다음과 같은 t분포를 따른다.

$$t=\frac{(\overline{X}-\overline{Y})-(\mu_1-\mu_2)}{\sqrt{\frac{s_1^2}{n_1}+\frac{s_2^2}{n_2}}} \sim t(df)$$

여기서 자유도 df는 다음과 같이 정의할 수 있다.

$$df=\frac{(s_1^2/n_1+s_2^2/n_2)^2}{\frac{(s_1^2/n_1)^2}{n_1-1}+\frac{(s_2^2/n_2)^2}{n_2-1}}$$

따라서 소표본이고 모표준편차를 모르고 모표준편차가 서로 다른 경우 두 독립표본에서 모평균의 차 $\mu_1-\mu_2$에 대한 $100(1-\alpha)\%$ 신뢰구간을 구하면 다음과 같다.

$$(\overline{X}-\overline{Y}) \pm t_{\alpha/2}(df)\sqrt{\frac{s_1^2}{n_1}+\frac{s_2^2}{n_2}}$$

두 독립표본의 크기가 소표본이고 모표준편차를 모르고 모표준편차가 서로 다른 경우, 유의수준 α하에서 모평균의 차에 대한 가설검정법을 정리하면 다음과 같다.

1. 귀무가설 $H_0: \mu_1-\mu_2=\delta_0$
2. 검정통계량

$$t = \frac{(\overline{X} - \overline{Y}) - \delta_0}{\sqrt{\frac{s_1^2}{n_1} + \frac{s_2^2}{n_2}}}$$

3. 기각역

(1) $H_1 : \mu_1 - \mu_2 > \delta_0$ 일 때, $t \ge t_\alpha(df)$

(2) $H_1 : \mu_1 - \mu_2 < \delta_0$ 일 때, $t \le -t_\alpha(df)$

(3) $H_1 : \mu_1 - \mu_2 \ne \delta_0$ 일 때, $|t| \ge t_{\alpha/2}(df)$

예제 9.3

예제 9.2에서 남학생 성적과 여학생 성적은 정규분포를 따르며, 분산이 동일하지 않다고 한다.

(1) 남학생의 평균 성적(μ_1)과 여학생의 평균 성적(μ_2) 차의 99% 신뢰구간을 구하여라.

(2) 남학생 성적의 평균과 여학생 성적의 평균이 다르다고 할 수 있는지 유의수준 1%하에서 가설검정하여라.

풀이

(1) $\overline{x} = 78$, $\overline{y} = 79$, $s_1^2 = 90$, $s_2^2 = 47.33$ 이므로 자유도는 다음과 같다.

$$df = \frac{(s_1^2/n_1 + s_2^2/n_2)^2}{\frac{(s_1^2/n_1)^2}{n_1 - 1} + \frac{(s_2^2/n_2)^2}{n_2 - 1}} = \frac{(90/9 + 47.33/7)}{\frac{(90/9)^2}{9-1} + \frac{(47.33/7)^2}{7-1}} = 13.96 \approx 14$$

따라서 모평균의 차 $\mu_1 - \mu_2$에 대한 99% 신뢰구간은 다음과 같이 구할 수 있으며,

$$\begin{aligned}
&(\overline{x} - \overline{y}) \pm t_{\alpha/2}(df)\sqrt{\frac{s_1^2}{n_1} + \frac{s_2^2}{n_2}} \\
&= (78 - 79) \pm t_{0.005}(14)\sqrt{\frac{90}{9} + \frac{47.33}{7}} \\
&= (-1) \pm 2.977 \times 4.09 \\
&= (-13.18, 11.18)
\end{aligned}$$

남학생 성적과 여학생 성적 차의 99% 신뢰구간은 -13.18점에서 11.18점이라고 할 수 있다.

(2) 남학생 성적의 평균과 여학생 성적의 평균이 다른지에 대한 가설검정 단계는 다음과 같다.

1. $H_0 : \mu_1 - \mu_2 = 0$ 대 $H_1 : \mu_1 - \mu_2 \neq 0$
2. 검정통계량

$$t = \frac{(\overline{X} - \overline{Y}) - \delta_0}{\sqrt{\frac{s_1^2}{n_1} + \frac{s_2^2}{n_2}}} = \frac{\overline{X} - \overline{Y}}{\sqrt{\frac{s_1^2}{n_1} + \frac{s_2^2}{n_2}}}$$

3. 기각역

$$|t| \geq t_{\alpha/2}(df) = t_{0.005}(14) = 2.977$$

4. 검정통계량 값을 계산하면,

$$t = \frac{-1}{\sqrt{\frac{90}{9} + \frac{47.33}{7}}} = -0.24$$

5. $|t| = 0.24 < t_{0.005}(14) = 2.977$이므로, 유의수준 1%에서 귀무가설을 기각하지 못한다. 따라서 남학생 성적의 평균과 여학생 성적의 평균은 다르다고 할 수 없다.

R 실습

독립 이표본, 소표본, 정규분포, 모표준편차를 모르고 서로 다른 경우

```
> t.test(maleScore, femaleScore, var.equal=FALSE, alternative="two.sided",
+      conf.level = 0.99)

        Welch Two Sample t-test

data:  maleScore and femaleScore
t = -0.24425, df = 13.964, p-value = 0.8106
alternative hypothesis: true difference in means is not equal to 0
99 percent confidence interval:
 -13.19241  11.19241
```

```
sample estimates:
mean of x mean of y
      78        79
```

대응표본에서 모평균 차에 대한 추론

다이어트 프로그램의 효과를 측정하기 위하여 n명의 대상자를 모집하여 다이어트 프로그램 실시 전의 체중을 측정하고 다이어트 프로그램 실시 후의 체중을 측정하여 평균을 비교하고자 한다. 이때 표본은 $(X_1, Y_1), \cdots, (X_n, Y_n)$과 같이 쌍으로 수집되는데 이와 같이 대응되는 쌍으로 나타나는 표본을 대응표본이라고 하며, 대응표본은 더 이상 독립이 아니다. 대응표본에서 모평균의 차에 대한 추론은 대응표본의 각 쌍의 값의 차를 새로운 표본으로 고려하는데, 자료의 형태는 다음과 같다.

쌍	1	2	$\cdots$	n
X_i	X_1	X_2	$\cdots$	X_n
Y_i	Y_1	Y_2	$\cdots$	Y_n
$D_i = X_i - Y_i$	$D_1 = X_1 - Y_1$	$D_2 = X_2 - Y_2$	$\cdots$	$D_n = X_n - Y_n$

여기서 D_i를 i번째 대응표본의 차이라고 두면, 대응표본의 모평균 차 $\mu_1 - \mu_2$에 대한 추론은 대응표본의 차에 대한 모평균 $\mu_D = \mu_1 - \mu_2$에 대한 추론과 동일하다. 따라서 평균이 μ_D이고 분산이 σ_D^2인 대응표본의 차에 대한 모집단에서 추출한 크기가 n인 대응표본 차 $D_1, \cdots, D_n$의 표본평균 $\overline{D}$와 표본분산 s_D^2는 다음과 같다.

$$\overline{D} = \frac{\sum_{i=1}^{n} D_i}{n}, \quad s_D^2 = \frac{1}{n-1}\sum_{i=1}^{n}(D_i - \overline{D})^2$$

만일 대응표본이 대표본인 경우 중심극한정리에 의해 $\overline{D}$의 분포는 근사적으로 $N(\mu_D, \sigma_D^2/n)$을 따르고,

$$Z = \frac{\overline{D} - \mu_D}{\sigma_D / \sqrt{n}} \quad \text{또는} \quad Z = \frac{\overline{D} - \mu_D}{s_D / \sqrt{n}}$$

는 표준정규분포를 따른다. 따라서 대응표본의 차에 대한 모평균 μ_D에 대한 $100(1-\alpha)\%$ 신뢰구간은 다음과 같다.

$$\overline{D} \pm z_{\alpha/2} \frac{\sigma_D}{\sqrt{n}} \quad \text{또는} \quad \overline{D} \pm z_{\alpha/2} \frac{s_D}{\sqrt{n}}$$

만일 대응표본이 소표본이고 대응표본의 차에 대한 모집단이 정규분포를 따른다면 모평균 μ_D에 대한 $100(1-\alpha)\%$ 신뢰구간은 t분포를 이용하여 다음과 같이 정의할 수 있다.

$$\overline{D} \pm t_{\alpha/2}(n-1) \frac{s_D}{\sqrt{n}}$$

대응표본이 대표본인 경우 유의수준 α하에서 대응표본의 차에 대한 모평균 μ_D에 대한 가설검정법을 정리하면 다음과 같다.

1. 귀무가설 $H_0 : \mu_D = \delta_0$
2. 검정통계량

$$Z = \frac{\overline{D} - \delta_0}{\sigma_D / \sqrt{n}} \quad \text{또는} \quad Z = \frac{\overline{D} - \delta_0}{s_D / \sqrt{n}}$$

3. 기각역
   (1) $H_1 : \mu_D > \delta_0$일 때, $Z \geq z_\alpha$
   (2) $H_1 : \mu_D < \delta_0$일 때, $Z \leq -z_\alpha$
   (3) $H_1 : \mu_D \neq \delta_0$일 때, $|Z| \geq z_{\alpha/2}$

대응표본이 소표본이고 대응표본의 차에 대한 모집단이 정규분포를 따른다면, 유의수준 α하에서 대응표본의 차에 대한 모평균 μ_D에 대한 가설검정은 t분포를 이용하여 다음과 같이 실시한다.

1. 귀무가설 $H_0 : \mu_D = \delta_0$
2. 검정통계량

$$t = \frac{\overline{D} - \delta_0}{s_D / \sqrt{n}}$$

3. 기각역

(1) $H_1 : \mu_D > \delta_0$일 때, $t \geq t_\alpha(n-1)$

(2) $H_1 : \mu_D < \delta_0$일 때, $t \leq -t_\alpha(n-1)$

(3) $H_1 : \mu_D \neq \delta_0$일 때, $|t| \geq t_{\alpha/2}(n-1)$

예제 9.4

어떤 회사에서 직원들의 건강을 증진시키기 위하여 점심시간에 운동프로그램을 실시하였다. 프로그램의 효과를 측정하기 위하여 운동프로그램을 실시하기 전의 결근일수와 운동프로그램을 실시한 후의 결근일수를 조사한 결과, 다음과 같은 자료를 얻었다. 이때 운동프로그램 실시 전후의 결근일수는 정규분포를 따른다고 한다.

운동프로그램 전 :	6	6	7	7	4	3	5	6
운동프로그램 후 :	5	2	1	3	3	6	3	7

(1) 운동프로그램 전과 후의 결근일수의 차에 대한 95% 신뢰구간을 구하여라.

(2) 운동프로그램 후 결근일수가 감소했다고 할 수 있는지 유의수준 5%하에서 가설검정하여라.

풀이

(1) 운동프로그램 전 결근일수 x_i와 운동프로그램 후 결근일수 y_i를 이용하여 결근일수의 차 $d_i = x_i - y_i,\ i = 1, \cdots, 8$를 계산하고, d_i에 대한 표본평균과 표본분산을 계산하면 다음과 같다.

$$\overline{d} = 1.75,\ s_D^2 = 8.5$$

이를 이용하여 모평균의 차 μ_D에 대한 95% 신뢰구간은 다음과 같이 구할 수 있다.

$$\bar{d} \pm t_{\alpha/2}(n-1)\frac{s_D}{\sqrt{n}} = 1.75 \pm t_{0.025}(7)\frac{2,92}{\sqrt{8}}$$
$$= 1.75 \pm 2.365 \times 1.03$$
$$= (-0.69, 4.19)$$

따라서 운동프로그램 전과 후의 결근일수의 차에 대한 95% 신뢰구간은 -0.69일에서 4.19일이라고 할 수 있다.

(2) 운동프로그램 후 결근일수가 감소했다고 할 수 있는지에 대한 가설검정 단계는 다음과 같다.

1. $H_0 : \mu_D \le 0$ 대 $H_1 : \mu_D > 0$
2. 검정통계량

$$t = \frac{\overline{D} - \delta_0}{s_D / \sqrt{n}} = \frac{\overline{D}}{s_D / \sqrt{n}}$$

3. 기각역

$$t \ge t_\alpha(n-1) = t_{0.05}(7) = 1.895$$

4. 검정통계량 값을 계산하면,

$$t = \frac{1.75}{2.92/\sqrt{8}} = 1.70$$

5. $t = 1.70 < t_{0.05}(7) = 1.895$이므로, 유의수준 5%에서 귀무가설을 기각하지 못한다. 따라서 운동프로그램 후 결근일수가 감소했다고 할 수 없다.

R 실습

두 모평균 차이에 대한 추론(대응표본, 소표본, 정규분포, 모분산을 모를 경우)

```
> # 예제 9.4 (1)
> before <- c(6, 6, 7, 7, 4, 3, 5, 6)
> after <- c(5, 2, 1, 3, 3, 6, 3, 7)
> d <- before - after
```

```
> df <- length(d) - 1
> alpha <- 0.05
> x <- mean(d) - qt(1-alpha/2, df) * sd(d)*sqrt(1/length(d))
> y <- mean(d) + qt(1-alpha/2, df) * sd(d)*sqrt(1/length(d))
> confidenceLimit <- c(x, y)
> names(confidenceLimit) <- c("Lower.CL", "Upper.CL")
> confidenceLimit
  Lower.CL   Upper.CL
-0.6873989  4.1873989
>

> # 예제 9.4 (2)
> t.test(before, after, paired=TRUE, alternative="greater", conf.level = 0.95)

        Paired t-test

data:  before and after
t = 1.6977, df = 7, p-value = 0.06668
alternative hypothesis: true difference in means is greater than 0
95 percent confidence interval:
 -0.2028869        Inf
sample estimates:
mean of the differences
                   1.75
```

9.2 두 모비율 차에 대한 추론

두 대학의 취업률 또는 두 대의 기계의 불량률 등의 비교와 같이 모비율의 차에 대한 추론에 관심이 있는 경우, 첫 번째 모집단의 모비율을 p_1, 두 번째 모집단의 모비율을 p_2라고 하자. 첫 번째 모집단에서 추출한 크기가 n_1인 랜덤표본에서 특정 속성을 갖는 원소의 개수를 X, 두 번째 모집단에서 추출한 크기가 n_2인 랜덤표본에서 특정 속성을 갖는 원소의 개수를 Y라고 할 경우, 모비율 p_1, p_2의 추정량인 표본비율은 다음과 같다.

$$\hat{p}_1 = \frac{X}{n_1},\ \hat{p}_2 = \frac{Y}{n_2}$$

이때 표본의 크기가 충분히 큰 경우, 표본비율 $\hat{p}_1$과 $\hat{p}_2$의 표본분포는 근사적으로 다음과 같은 정규분포를 따른다.

$$\hat{p}_1 \sim N\left(p_1, \frac{p_1(1-p_1)}{n_1}\right),\ \hat{p}_2 \sim N\left(p_2, \frac{p_2(1-p_2)}{n_2}\right)$$

이때 두 표본은 서로 독립이므로, 두 표본비율의 차이 $\hat{p}_1 - \hat{p}_2$는 다음과 같은 정규분포를 따르며,

$$\hat{p}_1 - \hat{p}_2 \sim N\left(p_1 - p_2, \frac{p_1 q_1}{n_1} + \frac{p_2 q_2}{n_2}\right)$$

표준화된 확률변수는 다음과 같이 표준정규분포를 따르게 된다. 여기서 $q_1 = 1 - p_1$, $q_2 = 1 - p_2$이다.

$$Z = \frac{(\hat{p}_1 - \hat{p}_2) - (p_1 - p_2)}{\sqrt{\frac{p_1 q_1}{n_1} + \frac{p_2 q_2}{n_2}}} \sim N(0,1)$$

두 표본비율의 차이의 표준오차에서 모비율은 모르므로 표본비율을 이용하여 표준오차의 추정량을 계산할 수 있다. 따라서 대표본인 두 독립표본에서 모비율의 차 $p_1 - p_2$에 대한 $100(1-\alpha)\%$ 신뢰구간은 다음과 같다.

$$(\hat{p}_1 - \hat{p}_2) \pm z_{\alpha/2} \sqrt{\frac{\hat{p}_1 \hat{q}_1}{n_1} + \frac{\hat{p}_2 \hat{q}_2}{n_2}}$$

여기서 대표본 조건을 만족하기 위하여 $n_1 \hat{p}_1 > 5$, $n_1 \hat{q}_1 > 5$, $n_2 \hat{p}_2 > 5$, $n_2 \hat{q}_2 > 5$를 만족해야 한다.

대표본인 두 독립표본에서 모비율이 동일하다는 가설 $H_0 : p_1 - p_2 = 0$을 검정하고자 할 경우, $p_1 = p_2 = p$이므로 귀무가설하에서 두 표본비율의 차이 $\hat{p}_1 - \hat{p}_2$는 다음과 같은 표준정규분포를 따르게 된다.

$$Z = \frac{\hat{p}_1 - \hat{p}_2}{\sqrt{pq\left(\frac{1}{n_1} + \frac{1}{n_2}\right)}} \sim N(0,1)$$

여기서 공통 모비율 p는 모르기 때문에 p의 추정량으로 다음과 같은 합동표본비율 $\bar{p}$를 사용한다.

$$\bar{p} = \frac{X+Y}{n_1 + n_2}$$

따라서 유의수준 α하에서 모비율이 동일하다는 가설에 대한 검정법을 정리하면 다음과 같다.

1. 귀무가설 $H_0 : p_1 - p_2 = 0$
2. 검정통계량

$$Z = \frac{\hat{p}_1 - \hat{p}_2}{\sqrt{\bar{p}\,\bar{q}\left(\frac{1}{n_1} + \frac{1}{n_2}\right)}}$$

3. 기각역
   (1) $H_1 : p_1 - p_2 > 0$일 때, $Z \geq z_\alpha$
   (2) $H_1 : p_1 - p_2 < 0$일 때, $Z \leq -z_\alpha$
   (3) $H_1 : p_1 - p_2 \neq 0$일 때, $|Z| \geq z_{\alpha/2}$

예제 9.5

어떤 레스토랑에서 새로 개발된 메뉴에 대해 성인과 어린이를 대상으로 평가를 실시하였다. 150명의 성인 중에는 87명, 200명의 어린이 중에는 123명이 새로운 메뉴가 훌륭하다고 응답하였다.

(1) 성인들이 새로운 메뉴가 훌륭하다고 평가하는 비율(p_1)과 어린이들이 새로운 메뉴가 훌륭하다고 평가하는 비율(p_2)의 차인 $p_1 - p_2$의 99% 신뢰구간을 구하여라.

(2) 성인과 어린이들이 새로운 메뉴가 훌륭하다고 평가하는 비율이 다르다고 할 수 있는지 유의수준 1%하에서 가설검정하여라.

풀이

(1) $\hat{p}_1 - \hat{p}_2 = \frac{x}{n_1} - \frac{y}{n_2} = \frac{87}{150} - \frac{123}{200} = -0.035$이므로, $p_1 - p_2$의 99% 신뢰구간은

$$
\begin{aligned}
&(\hat{p}_1 - \hat{p}_2) \pm z_{\alpha/2}\sqrt{\frac{\hat{p}_1\hat{q}_1}{n_1} + \frac{\hat{p}_2\hat{q}_2}{n_2}} \\
&= (-0.035) \pm z_{0.005}\sqrt{\frac{(0.58)(0.42)}{150} + \frac{(0.615)(0.385)}{200}} \\
&= (-0.035) \pm 2.58 \times 0.053 \\
&= (-0.17, 0.10)
\end{aligned}
$$

따라서 $p_1 - p_2$의 99% 신뢰구간은 (-0.17, 0.10)이다.

(2) 먼저 합동표본비율을 계산하면 다음과 같으며,

$$\bar{p} = \frac{x+y}{n_1+n_2} == \frac{87+123}{150+200} = \frac{210}{350} = 0.6$$

성인과 어린이들이 새로운 메뉴가 훌륭하다고 평가하는 비율이 다르다고 할 수 있는지에 대한 가설검정 단계는 다음과 같다.

1. $H_0 : p_1 - p_2 = 0$ 대 $H_1 : p_1 - p_2 \neq 0$

2. 검정통계량

$$Z = \frac{\hat{p}_1 - \hat{p}_2}{\sqrt{\bar{p}\bar{q}\left(\frac{1}{n_1} + \frac{1}{n_2}\right)}}$$

3. 기각역

$$|Z| \geq z_{\alpha/2} = z_{0.005} = 2.58$$

4. 검정통계량 값을 계산하면,

$$z = \frac{-0.035}{\sqrt{(0.6)(0.4)(\frac{1}{150} + \frac{1}{200})}} = -0.66$$

5. $|z| = 0.66 < z_{0.005} = 2.58$이므로, 유의수준 1%에서 귀무가설을 기각하지 못한다. 따라서 성인과 어린이들이 새로운 메뉴가 훌륭하다고 평가하는 비율이 다르다 할 수 없다.

R 실습

두 모비율 차이에 대한 추론(독립 이표본, 대표본)

```
> prop.test(x=x, n=n, alternative="two.sided", conf.level = 0.99)

	2-sample test for equality of proportions with continuity correction

data:  x out of n
X-squared = 0.30382, df = 1, p-value = 0.5815
alternative hypothesis: two.sided
99 percent confidence interval:
 -0.1773249  0.1073249
sample estimates:
prop 1 prop 2
 0.580  0.615
```

09장 연습문제

01 새로 개발한 치약의 효능을 알기 위해 치아가 관리가 잘된 14명의 피실험자를 모집했다. 랜덤으로 두 집단(통제집단, 실험집단)으로 7명씩 나누어 2주 동안 실험을 진행하였다. 치약의 효능을 평가하기 위해서 2주 후에 피실험자를 대상으로 플라크(Plaque) 지수를 측정하였다. 플라크 지수는 정규분포를 따르고 두 집단에서 플라크 지수의 분산은 동일하다고 가정하자. 아래의 자료로 새로 개발한 치약이 치아에 좋은 영향을 미친다고 할 수 있을까? 단, 플라크 지수는 높을수록 치아의 상태가 좋지 않음을 뜻한다.

	통제집단	실험집단
표본크기	7	7
표본평균($\overline{x}$)	1.26	0.78
표본표준편차(s)	0.32	0.32

(1) 통제집단의 평균 플라크 지수와 실험집단의 평균 플라크 지수 차에 대한 95% 신뢰구간을 구하여라.

(2) 치약의 효능을 평가하기 위한 귀무가설과 대립가설을 써라.

(3) 유의수준 1%하에서 (2)의 가설을 검정하여라.

02 1번 문제에서 두 집단 간에 플라크 지수의 분산이 다르다고 가정을 한다면 새로 개발한 치약이 치아에 좋은 영향을 미친다고 할 수 있는가?

(1) 통제집단의 평균 플라크 지수와 실험집단의 평균 플라크 지수 차에 대한 95% 신뢰구간을 구하여라.

(2) 치약의 효능을 평가하기 위한 귀무가설과 대립가설을 써라.

(3) 유의수준 1%하에서 (2)의 가설을 검정하여라.

03 심리학 수업에서 이미지를 형상화하여 단어를 외우는 것이 효과가 있는지 실험을 하였다. 20명의 학생을 대상으로 25개의 단어를 단순 암기로 맞힌 횟수를 기록하고 그 다음에 형상화 방법으로 같은 단어를 외운 후 맞힌 횟수를 기록하였다. 단어를 맞힌 횟수는 정규분포를 따른다고 한다.

학생	형상화 전 맞힌 횟수	형상화 후 맞힌 횟수	학생	형상화 전 맞힌 횟수	형상화 후 맞힌 횟수
1	5	20	11	8	17
2	9	24	12	16	20
3	5	20	13	10	20
4	9	18	14	12	16
5	6	22	15	7	24
6	11	19	16	9	22
7	8	20	17	21	25
8	11	19	18	14	21
9	7	17	19	12	19
10	9	21	20	13	23

(1) 형상화 전후 단어를 맞힌 횟수의 평균 차에 대한 99% 신뢰구간을 하여라.

(2) 형상화 방법으로 단어를 외우는 것이 효과적인지를 평가하기 위한 귀무가설과 대립가설을 써라.

(3) 유의수준 1%하에서 (2)의 가설을 검정하여라.

04 아기의 수면자세가 운동능력의 발달에 영향을 미치는지를 알기 위해 연구를 하였다. 만 2세가 안 된 320명의 아기를 대상으로 수면의 자세로 집단을 나누었다. 4개월 후에 물건을 내밀었을 때 물건을 잡을 수 있는지 조사한 결과는 아래와 같다.

	엎드려 잠	옆으로 또는 바로 누워 잠
전체	121	199
물건을 잡음	93	119

(1) 수면자세에 따라 물건을 잡는 비율의 차이에 관한 95% 신뢰구간을 구하여라.

(2) 수면자세에 따라 운동능력의 발달에 차이가 있는지를 검정하기 위한 귀무가설과 대립가설을 써라.

(3) 유의수준 5%하에서 (2)의 가설을 검정하여라.

10장

범주형 자료분석

10.1 적합도검정

실험의 결과가 여러 개의 범주로 나타나는 경우 실험결과로부터 얻어지는 각 범주의 도수가 어떤 이론적인 분포를 따르는지에 대해 가설검정하는 방법을 **적합도검정**(goodness-of-fit test)이라고 한다. 예를 들면 주사위 하나를 여러 번 던질 경우 각 시행에서 주사위 눈은 1부터 6까지 숫자 중 하나로 나타난다. 이때 각 숫자가 나타나는 도수를 이용하여 주사위가 공정한지 알아보고자 한다. 만일 주사위가 공정하다면 각 숫자가 나타나는 도수는 실험횟수의 1/6에 가깝게 나타날 것이다.

각 시행에서 나올 수 있는 범주가 k개이고, 귀무가설이 참일 때 i번째 범주에 속할 확률이 p_{i0}인 시행을 n번 독립적으로 시행하는 경우, i번째 범주가 실제 관찰된 도수를 관측도수(observed frequency), O_i라고 하며, 귀무가설이 참일 경우 어떤 범주에 대하여 기대할 수 있는 도수를 기대도수(expected frequency), E_i라고 하면, 기대도수는 다음과 같이 구할 수 있다.

$$E_i = np_{i0}$$

이때 귀무가설과 대립가설은 다음과 같이 주어지며,

$$H_0 : p_1 = p_{10}, \cdots, p_k = p_{k0} \quad \text{대} \quad H_1 : H_0\text{가 아니다.}$$

적합도검정에 대한 검정통계량은 다음과 같으며, 표본의 크기가 충분히 큰 경우 자유도가 $k-1$인 카이제곱분포를 따른다. 여기서 표본의 크기가 충분히 큰 경우란 각 범주의 기대도수가 5보다 큰 경우를 말한다.

$$\chi^2 = \sum_{i=1}^{k} \frac{(O_i - E_i)^2}{E_i}$$

만일 관측도수와 기대도수의 차이가 커질 경우 카이제곱검정통계량의 값은 커지게 되는데, 이 경우 귀무가설을 기각할 가능성이 커진다. 따라서 적합도검정에서 기각역은 유의수준 α에서 다음과 같다.

$$\chi^2 \geq \chi^2_\alpha(k-1)$$

여기서 $\chi^2_\alpha(k-1)$은 자유도가 $k-1$인 카이제곱분포에서 오른쪽 꼬리부분의 면적이 α인 값으로, 부록의 표 3에 주어져 있다.

예제 10.1

A, B, C, D, E, F의 6가지 알파벳 모양으로 만든 과자가 있다. 한 봉지에 A, B, C, D는 20%씩, E와 F는 10%씩 포장이 되도록 하는 것이 표준생산방법이다. 가게에서 구입한 과자 한 봉지에 A, B, C가 25개, D와 E가 10개, F가 5개 포장이 되어 있을 경우, 이 과자는 표준생산방법에 따라 생산되었다고 할 수 있는지 유의수준 5%하에서 가설검정하여라.

풀이

1. 적합도검정에 대한 가설은 다음과 같이 주어진다.

H_0 : 구입한 과자는 표준생산방법에 따라 생산되었다.

(즉, $p_A = 0.2, p_B = 0.2, p_C = 0.2, p_D = 0.2, p_E = 0.1, p_F = 0.1$)

H_1 : 구입한 과자는 표준생산방법에 따라 생산되지 않았다.

2. 검정통계량 계산을 위하여 알파벳별로 한 봉지에 들어있는 관측도수와 기대도수를 표로 나타내면 다음과 같다. 여기서 $n = 100$이므로 기대도수 $E_i = 100 \times p_{i0}$로 계산한다.

알파벳	A	B	C	D	E	F
관측도수	25	25	25	10	10	5
기대도수	20	20	20	20	10	10

3. 검정통계량의 값은

$$\chi^2 = \sum_{i=1}^{6} \frac{(O_i - E_i)^2}{E_i}$$

$$= \frac{(25-20)^2}{20} + \frac{(25-20)^2}{20} + \frac{(25-20)^2}{20} + \frac{(10-20)^2}{20} + \frac{(10-10)^2}{10} + \frac{(5-10)^2}{10}$$

$$= 11.25$$

이고, 적합도검정에서의 자유도는 5가 된다. $\chi^2 = 11.25 > \chi^2_{0.05}(5) = 11.0705$이므로

유의수준 5%하에서 귀무가설을 기각한다. 따라서 구입한 과자가 표준생산법에 따라 생산되었다고 할 수 없다.

R 실습

사용형식: chisq.test(x, correct = TRUE, p = rep(1/length(x))
- x: 데이터 벡터 또는 행렬 입력
- correct = TRUE: Yates의 연속성 수정항을 고려하는 옵션
- p = rep(1/length(x): 각 범주의 기대확률을 설정

카이제곱적합도검정

```
> observed <- c(25, 25, 25, 10, 10, 5)
> expected <- c(0.20, 0.20, 0.20, 0.20, 0.10, 0.10)
> chisq.test(observed, p=expected)

        Chi-squared test for given probabilities

data:  observed
X-squared = 11.25, df = 5, p-value = 0.04664
```

10.2 독립성검정

두 개의 범주형 변수가 있는 경우, 하나의 변수를 행에 나타내고, 다른 하나의 변수를 열에 나타내어 각 칸에 관측도수를 나타내는 표를 **분할표**(contingency table)라고 한다. 예를 들어 성별과 지지하는 정당의 관련성을 파악하기 위하여 200명을 선택하여 성별과 지지하는 정당을 조사하여 다음과 같은 표를 얻었다.

성별	지지하는 정당			
	A	B	C	D
남성(M)	12	23	56	11
여성(F)	26	11	34	27

만일 성별과 지지하는 정당이 독립이라면 $P(M\cap A)=P(M)P(A)$가 성립해야 한다. 따라서 남성이면서 지지하는 정당이 A인 경우의 기대할 수 있는 도수는 다음과 같이 구할 수 있다.

$$\text{기대도수}=200\times P(M\cap A)=200\times P(M)\times P(A)=200\times\frac{102}{200}\times\frac{38}{200}=\frac{102\times 38}{200}$$

행의 수가 r개이고 열의 수가 c개인 분할표에서 두 변수가 독립인지 검정하는 방법을 **독립성검정**이라고 하며, 귀무가설과 대립가설은 다음과 같이 주어진다.

H_0 : 두 가지 특성은 서로 독립이다. 대 H_1 : 두 가지 특성은 독립이 아니다.

이때 O_{ij}가 행변수의 i번째 범주와 열변수의 j번째 범주에서 관찰된 관측도수라고 하면, 귀무가설이 참일 경우 기대도수 E_{ij}는 다음과 같이 계산할 수 있다.

$$E_{ij}=\frac{(\text{행의 합})\times(\text{열의 합})}{\text{표본의 크기}}$$

독립성검정에 대한 검정통계량은 다음과 같으며, 표본의 크기가 충분히 큰 경우 자유도가 $(r-1)(c-1)$인 카이제곱분포를 따른다.

$$\chi^2=\sum_{i=1}^{r}\sum_{j=1}^{c}\frac{(O_{ij}-E_{ij})^2}{E_{ij}}$$

만일 관측도수와 기대도수의 차이가 커질 경우 카이제곱검정통계량의 값은 커지게 되는데, 이 경우 귀무가설을 기각할 가능성이 커진다. 따라서 독립성검정에서 기각역은 유의수준 α에서 다음과 같다.

$$\chi^2 \ge \chi^2_\alpha(r-1)(c-1)$$

예제 10.2

어떤 사회학자는 140명을 대상으로 수입수준과 지난 달 복권구입여부를 조사하였는데, 다음과 같은 자료를 수집하였다. 복권구입여부와 수입수준이 독립인지 유의수준 5%하에서 가설검정하여라.

	수입수준		
	하	중	상
복권구입	46	28	21
복권구입하지 않음	14	12	19

풀이

1. 독립성검정에 대한 가설은 다음과 같이 주어진다.

H_0 : 복권구입여부와 수입수준은 서로 독립이다.

H_1 : 복권구입여부와 수입수준은 서로 독립이 아니다.

2. 검정통계량 계산을 위하여 각 칸의 기대도수를 계산하면 다음과 같다. 여기서 E_{ij}에서 i는 복권구입여부의 범주를 나타내고, j는 수입수준의 범주를 나타낸다.

$$E_{11}=\frac{95\times 60}{140}=40.72 \quad E_{12}=\frac{95\times 40}{140}=27.14 \quad E_{13}=\frac{95\times 40}{140}=27.14$$

$$E_{21}=\frac{45\times 60}{140}=19.29 \quad E_{22}=\frac{45\times 40}{140}=12.86 \quad E_{23}=\frac{45\times 40}{140}=12.86$$

3. 검정통계량의 값은

$$\begin{aligned}\chi^2 &= \sum_{i=1}^{2}\sum_{j=1}^{3}\frac{(O_{ij}-E_{ij})^2}{E_{ij}} \\ &= \frac{(46-40.72)^2}{40.72}+\frac{(28-27.14)^2}{27.14}+\frac{(21-27.14)^2}{27.14}+\frac{(14-19.29)^2}{19.29} \\ &\quad +\frac{(12-12.86)^2}{12.86}+\frac{(19-12.86)^2}{12.86} \\ &= 6.54\end{aligned}$$

이며, 자유도는 $(2-1)\times(3-1)=2$가 된다. $\chi^2=6.54>\chi_{0.05}(2)=5.99$이므로 유의수준 5%에서 귀무가설을 기각할 수 있다. 따라서 복권구입여부와 수입수준은 독립이 아니라고 할 수 있다.

R 실습

독립성검정

```
> observedCounts <- matrix(c(46, 14, 28, 12, 21, 19), ncol=3)
> dimnames(observedCounts) <- list(Lottery = c("buyLottery",
+          "notBuyLottery"),  Income = c("low", "middle", "high"))
> observedCounts
               Income
Lottery         low middle high
  buyLottery     46     28   21
  notBuyLottery  14     12   19
> chisq.test(observedCounts)

         Pearson's Chi-squared test

data:  observedCounts
X-squared = 6.5442, df = 2, p-value = 0.03793
```

10.3 동질성검정

동질성검정은 두 개 이상의 모집단에서 각 범주에 대한 비율이 동일한지를 검정하는 방법이다. 예를 들어 지역에 따른 흡연율이 동일한지 관심이 있을 경우, 각 지역에서 표본을 추출하여 흡연자수를 관측한다. 여기서 독립성검정과 다른 점은 열의 합이 고정된다는 점이다.

흡연여부	지역			
	A	B	C	D
흡연	24	45	33	90
비흡연	76	105	67	160
표본크기	100	150	100	250

만일 지역별 흡연률이 p로 동일하다면, 지역 A에서 기대할 수 있는 흡연자수는 $100 \times (192/600)$으로 구할 수 있다. 따라서 모집단의 수가 r개이고 열의 수가 c개인 동질성검정에서 귀무가설과 대립가설은 다음과 같이 주어진다.

H_0 : 두 개 이상의 모집단에서 각 범주에 대한 비율이 동일하다.

H_1 : 두 개 이상의 모집단에서 각 범주에 대한 비율이 동일하지 않다.

이때 O_{ij}가 행변수의 i번째 범주와 열변수의 j번째 범주에서 관찰된 관측도수라고 하면, 귀무가설이 참일 경우 기대도수 E_{ij}는 다음과 같이 계산할 수 있다.

$$E_{ij} = \frac{(\text{행의 합}) \times (\text{열의 합})}{\text{표본의 크기}}$$

동질성검정에 대한 검정통계량은 다음과 같으며, 표본의 크기가 충분히 큰 경우 자유도가 $(r-1)(c-1)$인 카이제곱분포를 따른다.

$$\chi^2 = \sum_{i=1}^{r} \sum_{j=1}^{c} \frac{(O_{ij} - E_{ij})^2}{E_{ij}}$$

만일 관측도수와 기대도수의 차이가 커질 경우 카이제곱검정통계량의 값은 커지게 되는데, 이 경우 귀무가설을 기각할 가능성이 커진다. 따라서 동질성검정에서 기각역은 유의수준 α에서 다음과 같다.

$$\chi^2 \geq \chi^2_{\alpha}(r-1)(c-1)$$

예제 10.3

전구를 생산하는 공장별로 불량률이 차이가 있는지를 알아보기 위하여 공장별로 100개씩의 전구를 랜덤으로 선택하여 불량여부를 조사하였다. 공장에 따라 불량률이 차이가 있는지 유의수준 1%하에서 가설검정하여라.

	공장			
	A	B	C	D
불량품	12	8	5	11
양품	88	92	95	89

풀이

1. 동질성검정에 대한 가설은 다음과 같이 주어진다.

H_0 : 공장별 전구의 불량률이 차이가 없다.

H_1 : 공장별 전구의 불량률이 차이가 있다.

2. 검정통계량 계산을 위하여 각 칸의 기대도수를 계산하면 다음과 같다. 여기서 E_{ij}에서 i는 불량품 여부를 나타내고, j는 공장의 범주를 나타낸다.

$$E_{11} = E_{12} = E_{13} = E_{14} = \frac{36 \times 100}{400} = 9$$

$$E_{21} = E_{22} = E_{23} = E_{24} = \frac{364 \times 100}{400} = 91$$

3. 검정통계량의 값은

$$\begin{aligned}\chi^2 &= \sum_{i=1}^{2}\sum_{j=1}^{4}\frac{(O_{ij}-E_{ij})^2}{E_{ij}} \\ &= \frac{(12-9)^2}{9} + \frac{(8-9)^2}{9} + \frac{(5-9)^2}{9} + \frac{(11-9)^2}{9} + \frac{(88-91)^2}{91} \\ &\quad + \frac{(92-91)^2}{91} + \frac{(95-91)^2}{91} + \frac{(89-91)^2}{91} \\ &= 3.663\end{aligned}$$

이며, 자유도는 $(2-1)\times(4-1)=3$이 된다. $\chi^2 = 3.663 < \chi_{0.01}(3) = 11.34$이므로 유의수준 1%에서 귀무가설을 기각할 수 없다. 즉, 공장별 전구의 불량률이 차이가 있다고 할 수 없다.

R 실습

동질성검정

```
> observedCounts <- matrix(c(12, 88, 8, 92, 5, 95, 11, 89), ncol=4)
> dimnames(observedCounts) <- list(Product = c("defective", "notDefective"),
+                               Factory = paste("factory", LETTERS[1:4], sep=""))
> observedCounts
             Factory
Product        factoryA factoryB factoryC factoryD
  defective          12        8        5       11
  notDefective       88       92       95       89
> chisq.test(observedCounts)

        Pearson's Chi-squared test

data:  observedCounts
X-squared = 3.663, df = 3, p-value = 0.3002
```

10장 연습문제

01 운전자가 국도에서 선호하는 차선이 있는지 조사하기 위해 1,000명의 운전자를 대상으로 실험을 하였다. 실험은 특정 지점을 운전자가 어느 차선으로 통과했는지를 조사하였다.

차선	1	2	3	4	합계
관측된 수	294	276	238	192	1000

(1) 귀무가설을 써라.

(2) 유의수준 5%하에서 가설을 검정하여라.

02 많은 회사들이 재택근무를 장려하는 추세이다. 재택근무와 개인의 수입에 차이가 있는지 알아보기 위해 300명을 대상으로 조사를 하였다. 조사한 결과는 아래와 같다.

수입	근무 형태 통근	 재택	합계
200만 원 미만	38	30	68
200만 원 이상 300만 원 미만	54	38	92
300만 원 이상 300만 원 미만	35	31	66
300만 원 이상 400만 원 미만	33	41	74
합계	160	140	300

(1) 귀무가설을 써라.

(2) 유의수준 5%하에서 가설을 검정하여라.

03 연령에 따라 주기적으로 운동을 하는 것에 차이가 있는지 검정하기 위해 연령대별로 100명을 조사하였다.

주기적으로 운동을 하십니까?	연령					
	20대	30대	40대	50대	60대	합계
네	31	42	47	48	53	221
아니오	69	58	53	52	47	279
합계	100	100	100	100	100	500

(1) 귀무가설을 써라.

(2) 유의수준 5%하에서 가설을 검정하여라.

11장

분산분석

11.1 일원분산분석

11.1 일원분산분석

분산분석(Analysis of variance)은 두 개 이상의 모집단의 평균이 동일하다는 가설을 검정하기 위한 방법이다. 예를 들어 비료의 종류가 네 가지 있을 경우 비료의 종류에 따라 사과의 수확량이 차이가 있는지 알고 싶다고 하자. 이때 사과나무 20그루를 랜덤하게 4개 그룹으로 나눈 후 각 그룹에 비료 네 가지를 랜덤하게 배치한 후, 사과의 수확량을 기록하였다. 이때 수확량에 영향을 주는 비료를 **요인**(factor)이라고 하며, 비료의 종류를 **요인의 수준**(level)이라고 하고, 요인의 수준의 조합을 **처리**(treatment)라고 한다. 고려하는 요인이 하나인 경우 요인의 각 수준이 처리가 된다. 이때 수확량의 차이를 비료가 수확량에 미치는 영향으로 설명하기 위해서는 비료 이외 수확량에 영향을 미치는 다른 조건은 동일하다는 가정이 필요하다. 따라서 비료가 배치되는 사과나무는 동일하다는 가정이 필요하며, 사과나무에 비료를 배치할 때 랜덤으로 배치해야 한다. 이런 실험을 **완전랜덤화설계**(completely randomized design)라고 한다.

요인의 수준수가 k개이고, 각 처리별로 n_i번 반복된 경우, 완전랜덤화설계를 통해 수집한 자료의 형태는 다음과 같다.

처리			
1	2	$\cdots$	k
y_{11}	y_{21}	$\cdots$	y_{k1}
y_{12}	y_{22}	$\cdots$	y_{k2}
$\vdots$	$\vdots$	$\vdots$	$\vdots$
y_{1n_1}	y_{2n_2}	$\cdots$	y_{kn_k}

요인의 개수가 하나인 완전랜덤화설계에서 k개의 모집단은 다음과 같이 평균이 μ_i이고 분산이 σ^2인 정규분포를 따른다고 가정하면,

$$y_{ij} \sim N(\mu_i, \sigma^2), \ \ i = 1, \cdots, k; \quad j = 1, \cdots, n_i$$

가 된다. 이때 각 표본에서의 관측치 y_{ij}는 i번째 처리에 대응되는 모집단의 평균 μ_i와 오차

ϵ_{ij}로 나타낼 수 있으며, 오차 ϵ_{ij}는 평균이 0이고 분산이 σ^2인 정규분포를 따른다고 가정한다.

$$y_{ij} = \mu_i + \epsilon_{ij}, \quad \epsilon_{ij} \sim N(0, \sigma^2)$$

여기서 모평균 μ_i는 전체평균 μ와 각 처리에서의 효과인 τ_i로 분할할 수 있으므로, 위 식은 다음과 같이 나타낼 수 있다.

$$y_{ij} = \mu + \tau_i + \epsilon_{ij}, \quad \epsilon_{ij} \sim N(0, \sigma^2)$$
$$(i = 1, \cdots, k; \quad j = 1, \cdots, n_i)$$

위와 같은 모형을 **일원분산분석모형**이라고 하며, 이 모형에서 모평균이 동일한지에 대한 가설은 다음과 같다.

$$H_0 : \mu_1 = \mu_2 \cdots = \mu_k \quad \text{대} \quad H_1 : \text{적어도 하나의 } \mu_i \text{는 다르다}$$

또는

$$H_0 : \tau_1 = \tau_2 \cdots = \tau_k = 0 \quad \text{대} \quad H_1 : \text{적어도 하나의 } \tau_i \text{는 0이 아니다}$$

위 모형에서 전체평균 μ의 추정량은 $\overline{y}_{..}$, 처리효과인 τ_i의 추정량은

$$\hat{\tau}_i = \hat{\mu}_i - \hat{\mu} = \overline{y}_{i.} - \overline{y}_{..}$$

이므로, 이를 위 모형에 대입하면 다음과 같이 나타낼 수 있다.

$$(y_{ij} - \overline{y}_{..}) = (\overline{y}_{i.} - \overline{y}_{..}) + (y_{ij} - \overline{y}_{i.})$$

위 식에서 좌변은 관측값과 전체평균의 차이를 나타내는 총편차이며, 우변의 첫 번째항은 i번째 처리의 평균과 전체평균의 차이를 나타내는 처리효과편차, 우변의 마지막항은 관측값과 i번째 처리의 평균과의 차이를 나타내는 오차편차라고 할 수 있다. 위 식의 양변을 제곱하여 더하면 다음과 같이 제곱합으로 나타낼 수 있다.

$$\sum_{i=1}^{k}\sum_{j=1}^{n_i}(y_{ij} - \overline{y}_{..})^2 = \sum_{i=1}^{k}\sum_{j=1}^{n_i}(\overline{y}_{i.} - \overline{y}_{..})^2 + \sum_{i=1}^{k}\sum_{j=1}^{n_i}(y_{ij} - \overline{y}_{i.})^2$$

여기서 좌변을 총제곱합(total sum of squares), SS_T라고 하고, 우변의 첫 번째항을 처리제곱합(treatment sum of squares), SS_{Trt}, 우변의 마지막항을 오차제곱합(error sum of squares), SS_E라고 한다. 전체 관측치의 개수는 $N=\sum_{i=1}^{k} n_i$이므로, 총제곱합의 자유도는 $N-1$, 처리제곱합의 자유도는 $k-1$, 오차제곱합의 자유도는 $N-k$로 주어지며, 처리평균제곱 MS_{Trt}와 오차평균제곱 MS_E는 다음과 같이 주어진다.

$$MS_{Trt}=\frac{SS_{Trt}}{k-1}, \quad MS_E=\frac{SS_E}{N-k}$$

평균이 동일한지에 대한 가설검정을 위한 검정통계량은 다음과 같이 정의할 수 있으며, 이때 검정통계량은 분자의 자유도가 $k-1$, 분모의 자유도가 $N-k$인 F분포를 따른다.

$$F=\frac{MS_{Trt}}{MS_E}$$

총제곱합에서 처리제곱합이 차지하는 변동이 클수록 처리들 간에 평균이 차이가 난다고 할 수 있으므로 기각역은 유의수준 α에서 다음과 같다.

$$F \ge F_\alpha(k-1, N-k)$$

여기서 $F_\alpha(k-1, N-k)$은 분자의 자유도가 $k-1$, 분모의 자유도가 $N-k$인 F분포에서 오른쪽 꼬리부분의 면적이 α인 값으로, 부록의 표 4에 주어져 있다.

위의 과정을 분산분석표로 정리하면 다음과 같다.

요인	제곱합	자유도	평균제곱	F
처리	SS_{Trt}	$k-1$	MS_{Trt}	MS_{Trt}/MS_E
오차	SS_E	$N-k$	MS_E	
합계	SS_T	$N-1$		

예제 11.1

어떤 시에서 4개의 구역에 따라 평균 범죄발생수가 차이가 있는지를 알아보기 위하여 조사한 자료가 다음과 같다. 4개 지역의 평균 범죄발생수가 차이가 있는지 유의수준 5%하에서 가설검정하여라.

지역			
A	B	C	D
13	21	12	16
15	13	14	17
14	18	15	18
15	19	13	15
14	18	12	20
15	19	15	18

풀이

1. 가설설정

H_0: 각 구역에 따라 평균 범죄발생수가 같다.

H_1: 각 구역에 따라 평균 범죄발생수가 다르다.

또는 각 구역에 따라 평균 범죄발생수를 $\mu_A, \mu_B, \mu_C, \mu_D$라고 하면

H_0: $\mu_A = \mu_B = \mu_C = \mu_D$

H_1: not H_0 (즉, 적어도 하나의 μ_i는 다르다.)

2. 검정통계량: $F = \dfrac{MS_{Trt}}{MS_E}$

3. 기각역: $k = 4,\ n = 6,\ N = 24,\ \alpha = 0.05$이므로

$$F \geq F_{0.05}(3, 20) = 3.10$$

4. 주어진 자료로부터

$$\bar{y}_{..} = 15.79$$

$$\bar{y}_{1.} = 14.33,\ \bar{y}_{2.} = 18,\ \bar{y}_{3.} = 13.5,\ \bar{y}_{4.} = 17.33$$

$$SS_E = \sum_{i=1}^{4}\sum_{j=1}^{6}(y_{ij} - \bar{y}_{i.})^2 = 64.17$$

$$SS_{Trt} = n\sum_{i=1}^{4}(\bar{y}_{i.} - \bar{y}_{..})^2 = 87.79$$

이며, $SS_T = SS_{Trt} + SS_E = 87.79 + 64.17 = 151.96$이다. 총제곱합 SS_T의 자유도는 $24-1=23$, 처리제곱합 SS_{Trt}의 자유도는 $4-1=3$, 오차제곱합 SS_E의 자유도는 $24-4=20$이다. 따라서 평균제곱은

$$MS_{Trt} = SS_{Trt}/3 = 87.79/3 = 29.26,$$
$$MS_E = SS_E/20 = 64.17/20 = 3.21$$

이며, 분산분석표는 다음과 같다.

요인	제곱합	자유도	평균제곱	F값
처리	87.79	3	29.26	$F = 29.26/3.21 = 9.12$
오차	64.17	20	3.21	
합계	151.96	23		

분산분석표에서 F통계량 값은 9.12이며 이는 $F_{0.05}(3,20) = 3.10$ 보다 크므로 유의수준 $\alpha = 0.05$에서 귀무가설을 기각한다. 즉, 구역에 따라 평균 범죄발생수에 차이가 있다고 할 수 있다.

R 실습

사용형식: `aov(formula, data)`
- `formula`: 반응변수 ~ 설명변수로 설정
- `data`: 데이터프레임 형태로 입력

사용형식: `summary(object)`
- `object`: 객체에 대하여 요약 정보를 출력하는 함수

일원분산분석

```
> regionA = c(13, 15, 14, 15, 14, 15)
> regionB = c(21, 13, 18, 19, 18, 19)
> regionC = c(12, 14, 15, 13, 12, 15)
> regionD = c(16, 17, 18, 15, 20, 18)
>
> n1 = length(regionA)
> n2 = length(regionB)
> n3 = length(regionC)
> n4 = length(regionD)
> y = c(regionA, regionB, regionC, regionD)
> tr = rep(LETTERS[1:4], c(n1, n2, n3, n4))
> treatment = factor(paste("treatment", tr, sep=""))
> adata = data.frame(y, treatment)
> head(adata)
   y  treatment
1 13 treatmentA
2 15 treatmentA
3 14 treatmentA
4 15 treatmentA
5 14 treatmentA
6 15 treatmentA
> aov.treat = aov(y ~ treatment, data = adata)
> summary(aov.treat)
            Df Sum Sq Mean Sq F value   Pr(>F)
treatment    3  87.79  29.264   9.121 0.000523 ***
Residuals   20  64.17   3.208
---
Signif. codes:  0 '***' 0.001 '**' 0.01 '*' 0.05 '.' 0.1 ' ' 1
```

11장 연습문제

01 4개의 지형에서 식물성장이 차이가 있는지 실험을 하기 위해, 식물을 랜덤하게 4개의 지형에 나누어 1년을 기른 후 다음 자료를 얻었다.

지형	잎의 평균 길이(cm)					
A	5.7	6.3	6.1	6.0	5.8	6.2
B	6.2	5.3	5.7	6.0	5.2	5.5
C	5.4	5.0	6.0	5.6	4.9	5.2
D	3.7	3.2	3.9	4.0	3.5	3.6

$$\sum_{j=1}^{6}\sum_{i=1}^{4}(y_{ij}-\overline{y}_{..})^2 = 22.03, \quad \sum_{i=1}^{4}(\overline{y}_{i.}-\overline{y}_{..})^2 = 3.29$$

(1) 다음의 분산분석표를 채워라.

요인	자유도	제곱합	평균제곱합	F 값
처리				
오차				
합계				

(2) 유의수준 5%하에서 4개의 지형에서 식물성장이 차이가 있다고 할 수 있는가?

12장

회귀분석

12.1 상관분석

두 개의 연속형 변수 간의 관련성에 관심이 있는 경우, 두 변수 간의 선형관계의 정도를 분석하는 방법을 **상관분석**이라고 한다. 예를 들어 지능지수와 학업성적과의 관계, 아들의 키와 아버지의 키의 관계 등에 관심이 있을 경우 두 변수 간의 관계를 탐색적으로 알아보기 위해 **산점도**(scatter plot)를 그려볼 수 있다. 두 확률변수 (X, Y)에 대한 표본의 자료를 $(x_1, y_1), \cdots, (x_n, y_n)$이라고 하면, 산점도는 n개의 표본자료를 좌표평면 위에 점으로 나타내는 그래프이다.

두 변수 간의 선형관계의 정도를 수치로 나타내는 **표본상관계수**(sample correlation coefficient)는 다음과 같이 정의한다.

$$r = \frac{\sum_{i=1}^{n}(x_i - \overline{x})(y_i - \overline{y})}{\sqrt{\sum_{i=1}^{n}(x_i - \overline{x})^2}\sqrt{\sum_{i=1}^{n}(y_i - \overline{y})^2}} = \frac{\sum_{i=1}^{n} x_i y_i - n\overline{x}\overline{y}}{\sqrt{\sum_{i=1}^{n} x_i^2 - n\overline{x}^2}\sqrt{\sum_{i=1}^{n} y_i^2 - n\overline{y}^2}}$$

표본상관계수의 값은 항상 -1과 1 사이에 있으며, 표본상관계수가 0보다 클 경우 양의 상관관계가 있다고 하며, 0보다 작을 경우 음의 상관관계가 있다고 한다. 또한 표본상관계수가 1에 가까울수록 강한 양의 상관관계가 있다고 하며, -1에 가까울수록 강한 음의 상관관계가 있다고 한다. 표본상관계수가 0에 가까울수록 두 변수 간 선형 상관관계는 약하다는 것을 나타낸다.

예제 12.1

다음은 영업사원들의 판촉전화건수와 판매건수이다. 산점도를 그리고 상관계수를 구하여라.

판촉전화건수	판매건수	판촉전화건수	판매건수
18	42	10	30
40	66	20	46
20	42	21	49
30	54	24	43
10	30	30	63

풀이

주어진 자료로부터 표본상관계수를 계산하는 데 필요한 값을 계산하면 다음과 같다.

$$\sum_{i=1}^{10} x_i = 223\ ,\ \ \bar{x} = 22.3\ ,\ \ \sum_{i=1}^{10} y_i = 465\ ,\ \ \bar{y} = 46.5\ ,$$

$$\sum_{i=1}^{10} x_i^2 = 5741\ ,\ \ \sum_{i=1}^{10} y_i^2 = 22935\ ,\ \ \sum_{i=1}^{10} x_i y_i = 11327$$

따라서 표본상관계수는

$$r = \frac{11327 - 10 \times 22.3 \times 46.5}{\sqrt{5741 - 10 \times 22.3^2}\ \sqrt{22935 - 10 \times 46.5^2}} = \frac{957.5}{\sqrt{768.1}\ \sqrt{1312.5}} = 0.9536$$

이며, 1에 가까우므로 강한 양의 상관관계가 있음을 알 수 있다. 이는 아래 산점도에서도 확인할 수 있다.

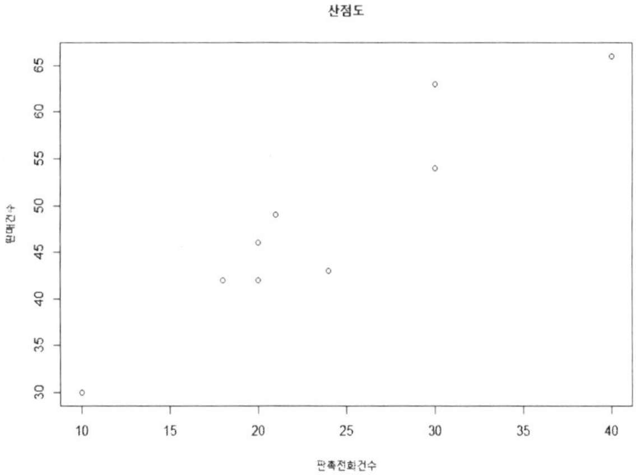

R 실습

사용형식: cor(x, y)
- 변수 x와 y의 pearson 상관계수 계산

상관분석

```
> callNo <- c(18, 40, 20, 30, 10, 10, 20, 21, 24, 30)
> sellNo <- c(42, 66, 42, 54, 30, 30, 46, 49, 43, 63)
> cor(callNo, sellNo)
[1] 0.9536307
> plot(sellNo ~ callNo,  xlab ="판촉전화건수", ylab ="판매건수", main="산점도")
```

12.2 단순선형회귀분석

상관분석은 단지 두 변수 간의 선형관계 정도만을 나타내는데, 두 변수 혹은 여러 변수들 간의 관계를 함수로 나타내는 방법을 **회귀분석**(regression analysis)이라고 한다. 예를 들어 지능지수에 따른 학업성적을 함수로 나타내고자 할 경우, 지능지수를 **독립변수**(independent variable) 또는 **설명변수**(explanatory variable)라고 하며, 지능지수에 따라 변하는 학업성적을 **종속변수**(dependent variable) 또는 **반응변수**(response variable)라고 한다. 이때 하나의 독립변수만 고려하는 경우 단순회귀분석이라고 하며, 독립변수와 종속변수 사이에 선형인 관계가 있다고 가정하는 경우 선형회귀분석이라고 한다. 따라서 독립변수가 하나이고 독립변수 x와 종속변수 y 사이에 선형인 관계를 가정하는 **단순선형회귀모형**(simple linear regression model)은 다음과 같이 주어진다.

$$y_i = \alpha + \beta x_i + \epsilon_i, \epsilon_i \sim N(0, \sigma^2) \ , \ i = 1, \cdots, n$$

여기서 α는 절편을 나타내고, β는 직선의 기울기를 나타내며, 오차 ϵ_i들은 서로 독립이며 평균이 0이고 분산이 σ^2인 정규분포를 따른다고 가정한다. 위 모형에서 표본자료를 이용하여 모수 α, β를 a와 b로 추정했을 경우, 추정된 회귀직선은 다음과 같다.

$$\hat{y} = a + bx$$

위 추정된 회귀직선에서 b는 독립변수 x가 한 단위 증가할 때 종속변수 y의 변화량을 나타낸다. 그리고 b가 양수이면 x가 증가할 때 y도 증가하므로 양의 선형관계가 있다고 할 수 있으며, b가 음수이면 x가 증가할 때 y는 감소하므로 음의 선형관계가 있다고 할 수 있다.

회귀직선은 주어진 관측된 자료를 가장 잘 나타내도록 추정해야 한다. i번째 종속변수의 관측치를 y_i라고 하고, 추정된 회귀직선에 의해 추정된 값을 $\hat{y}_i$이라고 할 경우, 관측치와 추정치의 차이를 다음과 같이 잔차(residual)라고 한다.

$$e_i = y_i - \hat{y}_i$$

자료를 잘 나타내는 회귀직선을 찾기 위해서 x_i가 주어졌을 때 관측치 y_i와 추정치 $\hat{y}_i$의 차이가 최소가 되도록 하는 a와 b를 찾는 방법을 사용할 수 있다. 즉 위 잔차의 합을 최소로 하는 회귀직선을 찾아야 하는데, 잔차의 합은 항상 0이 되므로 잔차제곱의 합을 최소로 하는 회귀직선을 찾는다. 잔차제곱합(residual sum of squares)은 오차제곱합(error sum of squares)이라고도 하므로, 잔차제곱합을 SS_E로 나타내며, 다음과 같이 정의할 수 있다.

$$SS_E = \sum_{i=1}^{n} e_i^2 = \sum_{i=1}^{n} (y_i - \hat{y}_i)^2 = \sum_{i=1}^{n} \{y_i - (a + bx_i)\}^2$$

이와 같이 잔차제곱의 합을 최소화하는 회귀직선을 추정하는 방법을 **최소제곱법**(least squares method)이라고 한다. SS_E를 최소화하는 a와 b를 찾으면 다음과 같다.

$$b = \frac{\sum_{i=1}^{n} (x_i - \overline{x})(y_i - \overline{y})}{\sum_{i=1}^{n} (x_i - \overline{x})^2} = \frac{\sum_{i=1}^{n} x_i y_i - n\overline{x}\,\overline{y}}{\sum_{i=1}^{n} x_i^2 - n\overline{x}^2}$$

$$a = \overline{y} - b\overline{x}$$

여기서 계산의 편의를 위하여 제곱합을 다음과 같이 나타내기로 하자.

$$SS_{xx} = \sum_{i=1}^{n} (x_i - \overline{x})^2 = \sum_{i=1}^{n} x_i^2 - n\overline{x}^2$$

$$SS_{yy} = \sum_{i=1}^{n} (y_i - \overline{y})^2 = \sum_{i=1}^{n} y_i^2 - n\overline{y}^2$$

$$SS_{xy} = \sum_{i=1}^{n} (x_i - \overline{x})(y_i - \overline{y}) = \sum_{i=1}^{n} x_i y_i - n\overline{x}\,\overline{y}$$

따라서 회귀모형의 기울기는 다음과 같이 나타낼 수 있다.

$$b = \frac{SS_{xy}}{SS_{xx}}$$

오차항의 분산 σ^2의 추정량은 오차의 추정량인 잔차를 제곱한 잔차제곱합을 이용하여 다음과 같이 주어진다.

$$\widehat{\sigma^2} = \frac{SS_E}{n-2}$$

회귀모형의 유의성 및 설명력

종속변수의 관측값 $y_1, \cdots, y_n$의 총변동은 평균 $\overline{y}$와의 차이인 편차를 이용하여 다음과 같이 정의할 수 있으며, 이를 총제곱합(total sum of square), SS_T라고 한다.

$$SS_T = \sum_{i=1}^{n} (y_i - \overline{y})^2$$

여기서 편차 $y_i - \overline{y}$는 다음과 같이 나타낼 수 있으며,

$$y_i - \overline{y} = (y_i - \hat{y}_i) - (\hat{y}_i - \overline{y})$$

위 식의 양변을 제곱하여 더하면 다음과 같이 제곱합으로 나타낼 수 있는데,

$$\sum_{i=1}^{n} (y_i - \overline{y})^2 = \sum_{i=1}^{n} (y_i - \hat{y}_i)^2 - \sum_{i=1}^{n} (\hat{y}_i - \overline{y})^2$$

우변의 첫째 항은 잔차제곱합 SS_E이며, 우변의 마지막 항은 추정된 회귀직선과 종속변수의 평균값의 차이로 총변동 중 회귀모형에 의해 설명되는 부분을 나타내는데, 이를 회귀제곱합(regression sum of squares), SS_R이라고 한다. 총제곱합의 자유도는 $n-1$이며, 회귀제곱합의 자유도는 1, 잔차제곱합의 자유도는 $n-2$이므로, 회귀평균제곱 MS_R과 잔차평균제곱 MS_E는 다음과 같이 주어진다.

$$MS_R = \frac{SS_R}{1},\ MS_E = \frac{SS_E}{n-2}$$

여기서 $SS_E = SS_{yy} - bSS_{xy}$로 나타낼 수 있다.

만일 회귀모형의 기울기가 0에 가까울 경우 회귀모형에서 독립변수가 종속변수에 미치는 영향이 작다고 할 수 있는데, 이때 SS_R은 작아진다. 따라서 회귀모형이 잘 적합된다는 것은 회귀계수 β가 0에 가깝지 않아서 총변동에서 회귀제곱합이 차지하는 부분이 상대적으로 크다는 것을 의미한다.

따라서 회귀모형이 의미가 있다는 것은 기울기 β가 0이 아닌 경우이므로, 회귀모형의 유의성검정에 대한 가설은 다음과 같이 설정할 수 있으며,

$$H_0 : \beta = 0 \quad \text{대} \quad H_1 : \beta \neq 0$$

검정통계량은 다음과 같이 정의할 수 있다. 이때 검정통계량은 분자의 자유도가 1, 분모의 자유도가 $n-2$인 F분포를 따른다.

$$F = \frac{MS_R}{MS_E}$$

총변동 중 회귀제곱합이 차지하는 변동이 클수록 위 귀무가설을 기각할 가능성이 커지므로 기각역은 유의수준 α에서 다음과 같다.

$$F \geq F_\alpha(1, n-2)$$

여기서 $F_\alpha(1, n-2)$은 분자의 자유도가 1, 분모의 자유도가 $n-2$인 F분포에서 오른쪽 꼬리부분의 면적이 α인 값으로, 부록의 표 4에 주어져 있다.

위의 과정을 분산분석표로 정리하면 다음과 같다.

요인	제곱합	자유도	평균제곱	F
회귀	SS_R	1	MS_R	MS_R/MS_E
잔차	SS_E	$n-2$	MS_E	
합계	SS_T	$n-1$		

추가적으로 총변동 중 회귀제곱합이 차지하는 비중을 이용하여 회귀모형의 설명력을 나타낼 수 있은데, 이를 **결정계수**(coefficient of determination)라고 하며 다음과 같이 정의한다.

$$R^2 = \frac{SS_R}{SS_T} = 1 - \frac{SS_E}{SS_T}$$

결정계수는 0과 1 사이 값으로, 1에 가까울수록 회귀모형의 설명력이 높다고 판단한다.

회귀직선의 기울기 β에 대한 추론

회귀모형에서 기울기 β에 대한 추론은 β에 대한 추정량인 b의 표본분포를 바탕으로 실시할 수 있다. 오차가 정규분포를 따른다는 가정하에 표본의 크기가 작은 경우 b의 표본분포는 다음과 같이 자유도가 $n-2$인 t분포를 따른다.

$$\frac{b-\beta}{\sqrt{\frac{MS_E}{SS_{xx}}}} \sim t(n-2)$$

여기서 $SS_{xx} = \sum_{i=1}^{n}(x_i - \overline{x})^2$이며, 기울기 β에 대한 $100(1-\alpha)\%$ 신뢰구간은 다음과 같다.

$$b \pm t_{\alpha/2}(n-2)\sqrt{\frac{MS_E}{SS_{xx}}}$$

회귀직선의 기울기 β에 대한 가설검정법을 정리하면 다음과 같다.

1. 귀무가설 $H_0 : \beta = \beta_0$
2. 검정통계량

$$t = \frac{b-\beta_0}{\sqrt{\frac{MS_E}{SS_{xx}}}}$$

3. 기각역

(1) $H_1 : \beta > \beta_0$일 때, $t \geq t_{\alpha}(n-2)$

(2) $H_1 : \beta < \beta_0$일 때, $t \leq -t_{\alpha}(n-2)$

(3) $H_1 : \beta \neq \beta_0$일 때, $|t| \geq t_{\alpha/2}(n-2)$

잔차의 산점도

회귀모형을 이용한 추론이나 예측에 대한 신뢰성을 확보하기 위해서는 회귀모형이 가정을 만족하는지 검토하여야 한다. 단순선형회귀모형은 독립변수와 종속변수 간의 관계가 선형이고, 오차가 평균이 0이고 분산이 σ^2으로 동일한 정규분포를 따른다는 가정이 필요하다. 이를 확인하기 위하여 오차의 추정량인 잔차를 이용한다. 예측값 $\hat{y}_i$ 또는 독립변수 x_i에 대한 잔차의 산점도를 작성하여 이런 회귀모형의 가정을 검토할 수 있는데, 잔차의 산점도가 특별한 경향성이 없을 경우 가정을 만족한다고 할 수 있다.

예제 12.2

(1) 예제 12.1에서 판촉전화건수를 독립변수, 판매건수를 종속변수로 하는 단순선형회귀모형을 가정하고 회귀직선을 추정하여라.

(2) (1)의 단순선형회귀모형에서 기울기가 0인지에 대한 가설검정을 유의수준 5% 하에서 실시하여라.

(3) 결정계수를 구하여라.

풀이

(1) $\sum_{i=1}^{10} x_i y_i = 11327$, $\sum_{i=1}^{10} x_i^2 = 5741$, $\bar{x} = 22.3$, $\bar{y} = 46.5$이므로,

$$SS_{xy} = \sum_{i=1}^{10} x_i y_i - 10\bar{x}\bar{y} = 957.5 \,,\; SS_{xx} = \sum_{i=1}^{10} x_i^2 - 10\bar{x}^2 = 768.1$$

이며, 최소제곱법에 의한 회귀계수의 추정치는

$$b = \frac{SS_{xy}}{SS_{xx}} = \frac{957.5}{768.1} = 1.2466$$

$$a = \bar{y} - b\bar{x} = 18.70$$

이고, 추정된 회귀직선은 $\hat{y} = 18.70 + 1.2466x$ 가 된다.

(2) $SS_{yy} = \sum_{i=1}^{10} y_i^2 - 10\bar{y}^2 = 1312.5$, $SS_E = SS_{yy} - bSS_{xy} = 118.88$, $MS_E = 14.86$이므로, 가설검정 단계는 다음과 같다.

1. $H_0 : \beta = 0$ 대 $H_1 : \beta \neq 0$
2. 검정통계량

$$t = \frac{b - \beta_0}{\sqrt{\frac{MS_E}{S_{xx}}}} = \frac{b}{\sqrt{\frac{MS_E}{S_{xx}}}}$$

3. 기각역

$$|t| \geq t_{\alpha/2}(n-2) = t_{0.025}(8) = 2.306$$

4. 검정통계량 값을 계산하면,

$$t = \frac{1.2466}{\sqrt{14.86/768.1}} = 8.96$$

5. $t = 8.96 > t_{0.025}(8) = 2.306$이므로, 유의수준 5%에서 귀무가설을 기각한다. 따라서 기울기는 0이 아니라고 할 수 있다.

(3) $SS_T = 1312.5$이므로,

$$R^2 = 1 - \frac{SS_E}{SS_T} = 1 - \frac{118.88}{1312.5} = 0.9094$$가 된다.

R 실습

사용형식: `lm(formula, data)`
- `formula`에 설정된 회귀모형을 나타내는 모형 공식. 반응변수 ~ 설명변수
- `data`: 회귀모형에서 사용될 데이터프레임

단순선형회귀분석

```
> callNo <- c(18, 40, 20, 30, 10, 10, 20, 21, 24, 30)
> sellNo <- c(42, 66, 42, 54, 30, 30, 46, 49, 43, 63)
> regData <- data.frame(callNo, sellNo)
> fit= lm(sellNo ~ callNo, data = regData)
> summary(fit)

Call:
lm(formula = sellNo ~ callNo, data = regData)

Residuals:
   Min     1Q Median     3Q    Max
-5.619 -1.982 -1.167  1.990  6.901

Coefficients:
            Estimate Std. Error t value Pr(>|t|)
(Intercept)  18.7012     3.3329   5.611 0.000504 ***
callNo        1.2466     0.1391   8.962 1.91e-05 ***
---
Signif. codes:  0 '***' 0.001 '**' 0.01 '*' 0.05 '.' 0.1 ' ' 1

Residual standard error: 3.855 on 8 degrees of freedom
Multiple R-squared:  0.9094, Adjusted R-squared:  0.8981
F-statistic: 80.31 on 1 and 8 DF,  p-value: 1.912e-05
```

12장 연습문제

01 수면이 사람의 문제 해결능력에 영향을 주는지 알아보기 위하여, 총 10명의 피실험자를 대상으로 실험을 하였다. 하루 중 수면 시간(X)을 조정하여 각 피실험자에게 간단한 100개의 문제를 주었다. 종속변수는 문제를 틀린 횟수(Y)이다.

문제를 틀린 횟수(y)	8,6	6,10	8,14	14,12	16,12
수면 시간(x)	16	12	8	4	0

$$\bar{x}=8,\ \bar{y}=10.6,\ \sum_{i=1}^{10}(x_i-\bar{x})^2=320,$$

$$\sum_{i=1}^{10}(y_i-\bar{y})^2=112.4,\ \sum_{i=1}^{10}(x_i-\bar{x})(y_i-\bar{y})=-152$$

(1) 수면 시간과 문제를 틀린 횟수의 상관계수를 구하여라.

(2) 단순선형회귀모형을 가정하고, 회귀직선을 추정하여라.

(3) 모형의 유의성과 설명력에 대하여 설명하여라.

·부록·

확률분포표

[표 1] 표준정규분포표

$Z \sim N(0,1)$일 때 $P(Z \geq z)$

z	.00	.01	.02	.03	.04	.05	.06	.07	.08	.09
.0	.5000	.4960	.4920	.4880	.4840	.4801	.4761	.4721	.4681	.4641
.1	.4602	.4562	.4522	.4483	.4443	.4404	.4364	.4325	.4286	.4247
.2	.4207	.4168	.4129	.4090	.4052	.4013	.3974	.3936	.3897	.3859
.3	.3821	.3783	.3745	.3707	.3669	.3632	.3594	.3557	.3520	.3483
.4	.3446	.3409	.3372	.3336	.3300	.3264	.3228	.3192	.3156	.3121
.5	.3085	.3050	.3015	.2981	.2946	.2912	.2877	.2843	.2810	.2776
.6	.2743	.2709	.2676	.2643	.2611	.2578	.2546	.2514	.2483	.2451
.7	.2420	.2389	.2358	.2327	.2296	.2266	.2236	.2206	.2177	.2148
.8	.2119	.2090	.2061	.2033	.2005	.1977	.1949	.1922	.1894	.1867
.9	.1841	.1814	.1788	.1762	.1736	.1711	.1685	.1660	.1635	.1611
1.0	.1587	.1562	.1539	.1515	.1492	.1469	.1446	.1423	.1401	.1379
1.1	.1357	.1335	.1314	.1292	.1271	.1251	.1230	.1210	.1190	.1170
1.2	.1151	.1131	.1112	.1093	.1075	.1056	.1038	.1020	.1003	.0985
1.3	.0968	.0951	.0934	.0918	.0901	.0885	.0869	.0853	.0838	.0823
1.4	.0808	.0793	.0778	.0764	.0749	.0735	.0721	.0708	.0694	.0681
1.5	.0668	.0655	.0643	.0630	.0618	.0606	.0594	.0582	.0571	.0559
1.6	.0548	.0537	.0526	.0516	.0505	.0495	.0485	.0475	.0465	.0455
1.7	.0446	.0436	.0427	.0418	.0409	.0401	.0392	.0384	.0375	.0367
1.8	.0359	.0351	.0344	.0336	.0329	.0322	.0314	.0307	.0301	.0294
1.9	.0287	.0281	.0274	.0268	.0262	.0256	.0250	.0244	.0239	.0233
2.0	.0228	.0222	.0217	.0212	.0207	.0202	.0197	.0192	.0188	.0183
2.1	.0179	.0174	.0170	.0166	.0162	.0158	.0154	.0150	.0146	.0143
2.2	.0139	.0136	.0132	.0129	.0125	.0122	.0119	.0116	.0113	.0110
2.3	.0107	.0104	.0102	.0099	.0096	.0094	.0091	.0089	.0087	.0084
2.4	.0082	.0080	.0078	.0075	.0073	.0071	.0069	.0068	.0066	.0064
2.5	.0062	.0060	.0059	.0057	.0055	.0054	.0052	.0051	.0049	.0048
2.6	.0047	.0045	.0044	.0043	.0041	.0040	.0039	.0038	.0037	.0036
2.7	.0035	.0034	.0033	.0032	.0031	.0030	.0029	.0028	.0027	.0026
2.8	.0026	.0025	.0024	.0023	.0023	.0022	.0021	.0021	.0020	.0019
2.9	.0019	.0018	.0018	.0017	.0016	.0016	.0015	.0015	.0014	.0014
3.0	.0013	.0013	.0013	.0012	.0012	.0011	.0011	.0011	.0010	.0010

[표 2] t 분포표

$P(T \geq t_{\alpha}(n)) = \alpha$을 만족하는 $t_{\alpha}(n)$

n \ α	0.100	0.050	0.025	0.010	0.005	0.001
1	3.078	6.314	12.706	31.819	63.653	318.196
2	1.886	2.920	4.303	6.965	9.925	22.327
3	1.638	2.353	3.182	4.541	5.841	10.213
4	1.533	2.132	2.776	3.747	4.604	7.173
5	1.476	2.015	2.571	3.365	4.032	5.893
6	1.440	1.943	2.447	3.143	3.707	5.208
7	1.415	1.895	2.365	2.998	3.499	4.785
8	1.397	1.860	2.306	2.896	3.355	4.501
9	1.383	1.833	2.262	2.821	3.250	4.297
10	1.372	1.812	2.228	2.764	3.169	4.144
11	1.363	1.796	2.201	2.718	3.106	4.024
12	1.356	1.782	2.179	2.681	3.055	3.930
13	1.350	1.771	2.160	2.650	3.012	3.852
14	1.345	1.761	2.145	2.624	2.977	3.787
15	1.341	1.753	2.131	2.602	2.947	3.733
16	1.337	1.746	2.120	2.583	2.921	3.686
17	1.333	1.740	2.110	2.567	2.898	3.646
18	1.330	1.734	2.101	2.552	2.878	3.610
19	1.328	1.729	2.093	2.539	2.861	3.579
20	1.325	1.725	2.086	2.528	2.845	3.552
21	1.323	1.721	2.080	2.518	2.831	3.527
22	1.321	1.717	2.074	2.508	2.819	3.505
23	1.319	1.714	2.069	2.500	2.807	3.485
24	1.318	1.711	2.064	2.492	2.797	3.467
25	1.316	1.708	2.060	2.485	2.787	3.450
26	1.315	1.706	2.056	2.479	2.779	3.435
27	1.314	1.703	2.052	2.473	2.771	3.421
28	1.313	1.701	2.048	2.467	2.763	3.408
29	1.311	1.699	2.045	2.462	2.756	3.396
30	1.310	1.697	2.042	2.457	2.750	3.385
40	1.303	1.684	2.021	2.423	2.704	3.307
50	1.299	1.676	2.009	2.403	2.678	3.261
60	1.296	1.671	2.000	2.390	2.660	3.231
70	1.294	1.667	1.994	2.381	2.648	3.210
80	1.292	1.664	1.990	2.374	2.639	3.195
90	1.291	1.662	1.987	2.368	2.631	3.183
100	1.290	1.660	1.984	2.364	2.626	3.173
120	1.289	1.658	1.980	2.358	2.617	3.159
140	1.288	1.656	1.977	2.353	2.611	3.149
160	1.287	1.645	1.975	2.350	2.607	3.141
∞	1.282	1.645	1.960	2.326	2.576	3.090

[표 3] 카이제곱분포표

$P(\chi^2 \geq \chi^2_\alpha(n)) = \alpha$을 만족하는 $\chi^2_\alpha(n)$

n \ α	.99	.975	.95	.90	.50	.10	.05	.025	.01
1	.0002	.001	.004	.02	.45	2.71	3.84	5.02	6.63
2	.02	.05	.10	.21	1.39	4.61	5.99	7.38	9.21
3	.11	.22	.35	.58	2.37	6.25	7.81	9.35	11.34
4	.30	.48	.71	1.06	3.36	7.78	9.49	11.14	13.28
5	.55	.83	1.15	1.61	4.35	9.24	11.07	12.83	15.09
6	.87	1.24	1.64	2.20	5.35	10.64	12.59	14.45	16.81
7	1.24	1.69	2.17	2.83	6.35	12.02	14.07	16.01	18.48
8	1.65	2.18	2.73	3.49	7.34	13.36	15.51	17.53	20.09
9	2.09	2.70	3.33	4.17	8.34	14.68	16.92	19.02	21.67
10	2.56	3.24	3.94	4.87	9.34	15.99	18.31	20.48	23.21
11	3.05	3.81	4.57	5.58	10.34	17.28	19.68	21.92	24.72
12	3.57	4.40	5.23	6.30	11.34	18.55	21.03	23.34	26.22
13	4.11	5.01	5.89	7.04	12.34	19.81	22.36	24.74	27.69
14	4.66	5.62	6.57	7.79	13.34	21.06	23.68	26.12	29.14
15	5.23	6.26	7.26	8.55	14.34	22.31	25.00	27.49	30.58
16	5.81	6.90	7.96	9.31	15.34	23.54	26.30	28.85	32.00
17	6.41	7.56	8.67	10.09	16.34	24.77	27.59	30.19	33.41
18	7.01	8.23	9.39	10.86	17.34	25.99	28.87	31.53	34.81
19	7.63	8.90	10.12	11.65	18.34	27.20	30.14	32.85	36.19
20	8.26	9.59	10.85	12.44	19.34	28.41	31.41	34.17	37.57
21	8.90	10.28	11.59	13.24	20.34	29.62	32.67	35.48	38.93
22	9.54	10.98	12.34	14.04	21.34	30.81	33.92	36.78	40.29
23	10.20	11.69	13.09	14.85	22.34	32.01	35.17	38.08	41.64
24	10.86	12.40	13.85	15.66	23.34	33.20	36.42	39.36	42.98
25	11.52	13.11	14.61	16.47	24.34	34.38	37.65	40.65	44.31
26	12.20	13.84	15.38	17.29	25.34	35.56	38.89	41.92	45.64
27	12.88	14.57	16.15	18.11	26.34	36.74	40.11	43.19	46.96
28	13.56	15.30	16.93	18.94	27.34	37.92	41.34	44.46	48.28
29	14.26	16.04	17.71	19.77	28.34	39.09	42.56	45.72	49.59
30	14.95	16.78	18.49	20.60	29.34	40.26	43.77	46.98	50.89
40	22.16	24.42	26.51	29.05	39.34	51.81	55.76	59.34	63.69
50	29.71	32.35	34.76	37.69	49.33	63.17	67.50	71.42	76.15
60	37.48	40.47	43.19	46.46	59.33	74.40	79.08	83.30	88.38
70	45.44	48.75	51.74	55.33	69.33	85.53	90.53	95.02	100.43
80	53.54	57.15	60.39	64.28	79.33	96.58	101.88	106.63	112.33
90	61.75	65.64	69.13	73.29	89.33	107.57	113.15	118.14	124.12
100	70.06	74.22	77.93	82.36	99.33	118.50	124.34	129.56	135.81

[표 4] F 분포표

$\alpha = 0.05$ $P(F \geq F_\alpha(n_1, n_2)) = \alpha$을 만족하는 $F_\alpha(n_1, n_2)$

분모의 자유도 (n_2)	분자의 자유도 (n_1)											
	1	2	3	4	5	6	7	8	9	10	12	14
1	161	200	216	225	230	234	237	239	241	242	244	245
2	18.51	19.00	19.16	19.25	19.30	19.33	19.36	19.37	19.38	19.39	19.41	19.42
3	10.13	9.55	9.28	9.12	9.01	8.94	8.88	8.84	8.81	8.78	8.74	8.71
4	7.71	6.94	6.59	6.39	6.26	6.16	6.09	6.04	6.00	5.96	5.91	5.87
5	6.61	5.79	5.41	5.19	5.05	4.95	4.88	4.82	4.78	4.74	4.68	4.64
6	5.99	5.14	4.76	4.53	4.39	4.28	4.21	4.15	4.10	4.06	4.00	3.96
7	5.59	4.74	4.35	4.12	3.97	3.87	3.79	3.73	3.68	3.63	3.57	3.52
8	5.32	4.46	4.07	3.84	3.69	3.58	3.50	3.44	3.39	3.34	3.28	3.23
9	5.12	4.26	3.86	3.63	3.48	3.37	3.29	3.23	3.18	3.13	3.07	3.02
10	4.97	4.10	3.71	3.48	3.33	3.22	3.14	3.07	3.02	2.97	2.91	2.86
11	4.84	3.98	3.59	3.36	3.20	3.09	3.01	2.95	2.90	2.86	2.79	2.74
12	4.75	3.89	3.49	3.26	3.11	3.00	2.92	2.85	2.80	2.76	2.69	2.64
13	4.67	3.81	3.41	3.18	3.02	2.92	2.84	2.77	2.72	2.67	2.60	2.55
14	4.60	3.74	3.34	3.11	2.96	2.85	2.77	2.70	2.65	2.60	2.53	2.48
15	4.54	3.68	3.29	3.06	2.90	2.79	2.70	2.64	2.59	2.55	2.48	2.43
16	4.49	3.63	3.24	3.01	2.85	2.74	2.66	2.59	2.54	2.49	2.42	2.37
17	4.45	3.59	3.20	2.97	2.81	2.70	2.62	2.55	2.50	2.45	2.38	2.33
18	4.41	3.56	3.16	2.93	2.77	2.66	2.58	2.51	2.46	2.41	2.34	2.29
19	4.38	3.52	3.13	2.90	2.74	2.63	2.55	2.48	2.43	2.38	2.31	2.26
20	4.35	3.49	3.10	2.87	2.71	2.60	2.52	2.45	2.40	2.35	2.28	2.23
25	4.24	3.39	2.99	2.76	2.60	2.49	2.41	2.34	2.28	2.24	2.16	2.11
30	4.17	3.32	2.92	2.69	2.53	2.42	2.34	2.27	2.21	2.16	2.09	2.04
35	4.12	3.27	2.87	2.64	2.49	2.37	2.29	2.22	2.16	2.11	2.04	1.99
40	4.09	3.23	2.84	2.61	2.45	2.34	2.25	2.18	2.12	2.07	2.00	1.95
50	4.03	3.18	2.79	2.56	2.40	2.29	2.20	2.13	2.07	2.02	1.95	1.90
60	4.00	3.15	2.76	2.53	2.37	2.25	2.17	2.10	2.04	1.99	1.92	1.86
80	3.96	3.11	2.72	2.48	2.33	2.21	2.12	2.05	1.99	1.95	1.88	1.82
100	3.94	3.09	2.70	2.46	2.30	2.19	2.10	2.03	1.97	1.92	1.85	1.79
200	3.89	3.04	2.65	2.41	2.26	2.14	2.05	1.98	1.92	1.87	1.80	1.74
500	3.86	3.01	2.62	2.39	2.23	2.11	2.03	1.96	1.90	1.85	1.77	1.71
∞	3.84	3.00	2.61	2.37	2.21	2.09	2.01	1.94	1.88	1.83	1.75	1.69

[표 4] F 분포표(계속)

$\alpha = 0.05$

분모의 자유도 (n_2)	분자의 자유도 (n_1)											
	16	18	20	25	30	40	60	80	100	200	500	∞
1	246	247	248	249	250	251	252	253	253	254	254	254
2	19.43	19.44	19.44	19.45	19.46	19.47	19.48	19.49	19.49	19.49	19.50	19.50
3	8.69	8.67	8.66	8.64	8.62	8.60	8.57	8.56	8.56	8.54	8.54	8.53
4	5.84	5.82	5.80	5.77	5.74	5.71	5.69	5.67	5.66	5.65	5.64	5.63
5	4.60	4.58	4.56	4.53	4.50	4.46	4.43	4.41	4.40	4.38	4.37	4.36
6	3.92	3.89	3.87	3.84	3.81	3.77	3.74	3.72	3.71	3.69	3.68	3.67
7	3.49	3.46	3.44	3.41	3.38	3.34	3.30	3.29	3.28	3.25	3.24	3.23
8	3.20	3.17	3.15	3.11	3.08	3.05	3.01	2.99	2.98	2.96	2.94	2.93
9	2.98	2.95	2.93	2.89	2.86	2.82	2.79	2.77	2.76	2.73	2.72	2.71
10	2.82	2.79	2.77	2.73	2.70	2.67	2.62	2.60	2.59	2.56	2.55	2.54
11	2.70	2.67	2.65	2.61	2.57	2.53	2.49	2.47	2.45	2.42	2.41	2.40
12	2.60	2.57	2.54	2.50	2.46	2.42	2.38	2.36	2.35	2.32	2.31	2.30
13	2.51	2.48	2.46	2.42	2.38	2.34	2.30	2.28	2.26	2.24	2.22	2.21
14	2.44	2.41	2.39	2.35	2.31	2.27	2.22	2.20	2.19	2.16	2.14	2.13
15	2.39	2.36	2.33	2.29	2.25	2.21	2.16	2.14	2.12	2.10	2.08	2.07
16	2.33	2.30	2.28	2.24	2.20	2.16	2.11	2.09	2.07	2.04	2.02	2.01
17	2.29	2.25	2.23	2.19	2.15	2.11	2.06	2.04	2.02	1.99	1.97	1.96
18	2.25	2.22	2.19	2.15	2.11	2.07	2.02	2.00	1.98	1.95	1.93	1.92
19	2.21	2.18	2.15	2.11	2.07	2.02	1.98	1.96	1.94	1.91	1.90	1.88
20	2.18	2.15	2.12	2.08	2.04	1.99	1.95	1.92	1.90	1.87	1.85	1.84
25	2.06	2.03	2.00	1.96	1.92	1.87	1.82	1.79	1.77	1.74	1.72	1.71
30	1.99	1.96	1.93	1.88	1.84	1.79	1.74	1.71	1.69	1.66	1.64	1.62
35	1.94	1.91	1.88	1.83	1.79	1.74	1.68	1.66	1.64	1.60	1.58	1.56
40	1.90	1.87	1.84	1.79	1.74	1.69	1.64	1.61	1.59	1.55	1.53	1.51
50	1.85	1.81	1.78	1.73	1.69	1.63	1.58	1.55	1.52	1.48	1.46	1.44
60	1.81	1.78	1.75	1.70	1.65	1.59	1.53	1.50	1.48	1.44	1.41	1.39
80	1.77	1.73	1.70	1.65	1.60	1.54	1.48	1.45	1.42	1.38	1.35	1.32
100	1.75	1.71	1.68	1.62	1.57	1.51	1.45	1.42	1.39	1.34	1.30	1.28
200	1.69	1.65	1.62	1.57	1.52	1.45	1.39	1.35	1.32	1.26	1.22	1.19
500	1.66	1.62	1.59	1.53	1.49	1.42	1.35	1.31	1.27	1.21	1.15	1.09
∞	1.64	1.60	1.57	1.51	1.46	1.39	1.32	1.27	1.24	1.17	1.11	1.00

[표 4] F 분포표(계속)

$\alpha = 0.01$

분모의 자유도 (n_2)	분자의 자유도 (n_1)											
	1	2	3	4	5	6	7	8	9	10	12	14
1	4052	4999	5403	5625	5764	5859	5928	5981	6022	6056	6106	6142
2	98.49	99.01	99.17	99.25	99.30	99.33	99.34	99.36	99.38	99.40	99.42	99.43
3	34.12	30.81	29.46	28.71	28.24	27.91	27.67	27.49	27.34	27.23	27.05	26.92
4	21.20	18.00	16.69	15.98	15.52	15.21	14.98	14.80	14.66	14.54	14.37	14.24
5	16.26	13.27	12.06	11.39	10.97	10.67	10.45	10.27	10.15	10.05	9.89	9.77
6	13.74	10.92	9.78	9.15	8.75	8.47	8.26	8.10	7.98	7.87	7.72	7.60
7	12.25	9.55	8.45	7.85	7.46	7.19	7.00	6.84	6.71	6.62	6.47	6.35
8	11.26	8.65	7.59	7.01	6.63	6.37	6.19	6.03	5.91	5.82	5.67	5.56
9	10.56	8.02	6.99	6.42	6.06	5.80	5.62	5.47	5.35	5.26	5.11	5.00
10	10.04	7.56	6.55	5.99	5.64	5.39	5.21	5.06	4.95	4.85	4.71	4.60
11	9.65	7.20	6.22	5.67	5.32	5.07	4.88	4.74	4.63	4.54	4.40	4.29
12	9.33	6.93	5.95	5.41	5.06	4.82	4.65	4.50	4.39	4.30	4.16	4.05
13	9.07	6.70	5.74	5.20	4.86	4.62	4.44	4.30	4.19	4.10	3.96	3.85
14	8.86	6.51	5.56	5.03	4.69	4.46	4.28	4.14	4.03	3.94	3.80	3.70
15	8.68	6.36	5.42	4.89	4.56	4.32	4.14	4.00	3.89	3.80	3.67	3.56
16	8.53	6.23	5.29	4.77	4.44	4.20	4.03	3.89	3.78	3.69	3.55	3.45
17	8.40	6.11	5.18	4.67	4.34	4.10	3.93	3.79	3.68	3.59	3.45	3.35
18	8.28	6.01	5.09	4.58	4.25	4.01	3.85	3.71	3.60	3.51	3.37	3.27
19	8.18	5.93	5.01	4.50	4.17	3.94	3.77	3.63	3.52	3.43	3.30	3.19
20	8.10	5.85	4.94	4.43	4.10	3.87	3.71	3.56	3.45	3.37	3.23	3.13
25	7.77	5.57	4.68	4.18	3.86	3.63	3.46	3.32	3.21	3.13	2.99	2.89
30	7.56	5.39	4.51	4.02	3.70	3.47	3.30	3.17	3.06	2.98	2.84	2.74
35	7.43	5.28	4.41	3.92	3.60	3.38	3.21	3.08	2.97	2.89	2.75	2.65
40	7.31	5.18	4.31	3.83	3.51	3.29	3.12	2.99	2.88	2.80	2.66	2.56
50	7.17	5.06	4.20	3.72	3.41	3.18	3.02	2.88	2.78	2.70	2.56	2.46
60	7.08	4.98	4.13	3.65	3.34	3.12	2.95	2.82	2.72	2.63	2.50	2.40
80	6.96	4.88	4.04	3.56	3.25	3.04	2.87	2.74	2.65	2.55	2.41	2.32
100	6.90	4.82	3.98	3.51	3.20	2.99	2.82	2.69	2.59	2.51	2.36	2.26
200	6.76	4.71	3.88	3.41	3.11	2.90	2.73	2.60	2.50	2.41	2.28	2.19
500	6.69	4.64	3.82	3.36	3.06	2.84	2.68	2.55	2.45	2.36	2.22	2.11
∞	6.64	4.60	3.78	3.32	3.02	2.80	2.64	2.51	2.41	2.32	2.18	2.07

[표 4] F 분포표(계속)

$\alpha = 0.01$

분모의 자유도 (n_2)	분자의 자유도 (n_1)											
	16	18	20	25	30	40	60	80	100	200	500	∞
1	6169	6190	6208	6235	6258	6286	6313	6326	6334	6352	6361	6366
2	99.44	99.45	99.45	99.46	99.47	99.48	99.48	99.49	99.49	99.49	99.50	99.50
3	26.83	26.76	26.69	26.59	26.50	26.41	26.32	26.27	26.23	26.18	26.14	26.12
4	14.15	14.08	14.02	13.92	13.83	13.74	13.65	13.61	13.57	13.52	13.48	13.46
5	9.68	9.61	9.55	9.46	9.38	9.29	9.20	9.16	9.13	9.07	9.04	9.02
6	7.52	7.45	7.39	7.31	7.23	7.14	7.06	7.02	6.99	6.94	6.90	6.88
7	6.27	6.21	6.15	6.06	5.98	5.90	5.82	5.78	5.75	5.70	5.67	5.65
8	5.48	5.42	5.36	5.28	5.20	5.11	5.03	4.99	4.96	4.91	4.88	4.86
9	4.92	4.86	4.80	4.72	4.64	4.56	4.48	4.44	4.41	4.36	4.33	4.31
10	4.52	4.46	4.41	4.33	4.25	4.17	4.08	4.04	4.01	3.96	3.93	3.91
11	4.21	4.15	4.10	4.02	3.94	3.86	3.78	3.74	3.70	3.66	3.62	3.60
12	3.98	3.92	3.86	3.78	3.70	3.61	3.54	3.50	3.46	3.41	3.38	3.36
13	3.78	3.72	3.67	3.59	3.51	3.42	3.34	3.30	3.27	3.21	3.18	3.16
14	3.62	3.56	3.51	3.41	3.34	3.26	3.18	3.14	3.11	3.06	3.02	3.00
15	3.48	3.42	3.36	3.28	3.20	3.12	3.05	3.01	2.97	2.92	2.89	2.87
16	3.37	3.31	3.25	3.17	3.10	3.01	2.93	2.89	2.86	2.80	2.77	2.75
17	3.27	3.21	3.16	3.08	3.00	2.92	2.84	2.80	2.76	2.70	2.67	2.65
18	3.19	3.13	3.07	2.99	2.91	2.83	2.75	2.71	2.68	2.62	2.59	2.57
19	3.12	3.06	3.00	2.92	2.84	2.76	2.67	2.63	2.60	2.54	2.51	2.49
20	3.05	2.99	2.94	2.85	2.77	2.69	2.61	2.57	2.53	2.47	2.44	2.42
25	2.81	2.75	2.70	2.62	2.54	2.45	2.36	2.32	2.29	2.23	2.19	2.17
30	2.66	2.60	2.55	2.46	2.38	2.29	2.21	2.17	2.13	2.07	2.03	2.01
35	2.57	2.51	2.46	2.37	2.29	2.19	2.10	2.07	2.03	1.97	1.93	1.91
40	2.49	2.43	2.37	2.28	2.20	2.11	2.02	1.98	1.94	1.88	1.84	1.81
50	2.39	2.32	2.26	2.18	2.10	2.00	1.91	1.86	1.82	1.76	1.71	1.68
60	2.32	2.26	2.20	2.11	2.03	1.93	1.84	1.79	1.74	1.68	1.63	1.60
80	2.24	2.17	2.11	2.02	1.94	1.84	1.75	1.70	1.65	1.57	1.52	1.49
100	2.19	2.12	2.06	1.97	1.89	1.79	1.69	1.64	1.59	1.51	1.46	1.43
200	2.09	2.03	1.97	1.88	1.79	1.69	1.58	1.53	1.48	1.39	1.33	1.28
500	2.03	1.96	1.91	1.82	1.72	1.63	1.52	1.46	1.41	1.31	1.22	1.04
∞	1.99	1.92	1.87	1.78	1.69	1.59	1.47	1.41	1.36	1.25	1.15	1.00

참고문헌

- Mann, P. S. (2013). Introductory Statistics(8/E). John Wiley & Sons.
- McClave, J. T., Benson, P. G. & Sincich, T. (2013). Statistics for Business and Economics(12/E). Pearson Education.
- Mendenhall, W., Beaver, R. J., & Beaver, B. M. (2003). Introduction to Probability and Statistics(11/E). Thomson Learning.
- Sincich, T. (1990). Statistics By Example. Dellen Publishing Company.
- Yates, D., Moore, D. & McCabe G. (2000). The Practice of Statistics. Freeman and Company.
- http://www.r-bloggers.com.

찾아보기

저자 소개

장은진
안동대학교 자연과학대학 정보통계학과 조교수
Email: ejjang@andong.ac.kr

이재만
안동대학교 자연과학대학 정보통계학과 교수
Email: leejm@andong.ac.kr

고정환
안동대학교 자연과학대학 정보통계학과 교수
Email: jhko@andong.ac.kr

차영준
안동대학교 자연과학대학 정보통계학과 교수
Email: yjcha@andong.ac.kr

R을 이용한 정보통계학개론

저　　자　장은진 · 이재만 · 고정환 · 차영준
발 행 인　김지영
발 행 처　자유아카데미
주　　소　경기도 파주시 회동길 37-42
　　　　　파주출판도시
전　　화　031-955-1321
팩　　스　031-955-1322
홈페이지　www.freeaca.com
전자우편　main@freeaca.com (대표)
　　　　　editor@freeaca.com (편집)
　　　　　crm@freeaca.com (영업)
등　　록　제406-2003-017호, 1980. 7. 12
제1판1쇄　2018년 1월 31일 발행
제1판4쇄　2021년 8월 20일 발행
정　　가　16,000원

저자와의
협의하에
인지생략

ISBN 979-11-5808-173-7 93310